生物质化学分析与测试

吴春华　秦永剑　徐高峰　主编

科学出版社
北　京

内容简介

本书围绕生物质资源的化学成分，应用化学方法，结合传统林产化学品和现代生物质资源的开发进行编写。编写过程中充分考虑到专业应用的特点，使内容更加具有系统性、完整性、科学性和实用性。本书结合了现代分析测试技术手段在生物质资源化学利用领域的运用，增加了红外光谱、气相色谱、液相色谱、质谱等现代分析测试手段在实验中的应用，使实验内容更加丰富和完整，也能进一步使理论和实际相结合，强化操作技能的训练，培养学生独立的科研工作能力。

本书可作为高等院校生物质相关专业（如林产化工、生物工程、化学工程、应用化学、制浆造纸和能源工程等）的本科生或研究生实验教材，也适用于从事生物质产业研发的科研人员，以及从事生物质能源及化学品生产的技术人员参考使用。

图书在版编目(CIP)数据

生物质化学分析与测试 / 吴春华，秦永剑，徐高峰主编. —北京：科学出版社，2023.2（2024.3 重印）

ISBN 978-7-03-074508-8

Ⅰ.①生… Ⅱ.①吴… ②秦… ③徐… Ⅲ.①生物化学-化学分析-测试 Ⅳ.①Q5

中国版本图书馆 CIP 数据核字（2022）第 252859 号

责任编辑：武雯雯/ 责任校对：彭 映
责任印制：罗 科/ 封面设计：墨创文化

科学出版社出版

北京东黄城根北街16号
邮政编码：100717
http://www.sciencep.com

成都锦瑞印刷有限责任公司 印刷
科学出版社发行 各地新华书店经销

*

2023 年 2 月第 一 版 开本：B5（720×1000）
2024 年 3 月第二次印刷 印张：10 3/4
字数：217 000

定价：120.00 元

（如有印装质量问题，我社负责调换）

《生物质化学分析与测试》编写委员会

顾　　问　杜官本　史正军

主　　编　吴春华　秦永剑　徐高峰

副 主 编　田　珩　杨海艳

前　言

生物质是指利用大气、水、土地等通过光合作用而产生的各种有机体，即一切有生命的可以生长的有机物质通称为生物质。通常概念的生物质主要包括薪炭林、经济林、用材林、农作物秸秆、林业加工残余物和各类有机垃圾等。这些物质所蕴藏的能量相当可观，根据估算，地球上每年生长的生物质能总量超过 1400 亿吨(干重)，开发潜力巨大。我国生物质资源品种丰富，资源总量不低于 30 亿吨干物质/年，相当于 10 多亿吨油当量，约为我国目前石油消耗量的 3 倍。生物质产业是指利用可再生的生物质原料，通过工业性加工转化，进行生物基产品、生物燃料和生物能源生产的一种新兴产业。生物质产业的形成和发展将有助于缓解化石能源危机、优化能源结构、减少温室气体排放、保护生态环境、促进社会可持续发展。

本书围绕生物质资源的化学成分，应用化学方法，结合传统林产化学品和现代生物质资源的开发方向进行编写。编写过程中充分考虑到专业应用的特点，使内容更加具有系统性、完整性、科学性和实用性。本书共有五章，第一章生物质化学实验技术基础，介绍与生物质紧密相关的化学实验室安全与防护、仪器、实验基本操作；第二章植物纤维化学实验技术；第三章林产化学品加工与分析实验技术；第四章生物质资源化学提取与利用；第五章生物质能源与材料实验技术。本书结合现代分析测试技术手段在本领域的运用，增加了红外光谱、气相色谱、液相色谱、质谱等现代分析测试手段在实验中的应用，使实验内容更加丰富和完整，也能进一步使理论和实际相结合，强化操作技能的训练，培养学生独立的科研工作能力。

本书得到了国家自然科学基金项目(32160414，31971741，32060381)、云南省科技厅农业联合项目重点项目(202101BD070001-014)、云南省木材胶黏剂及胶合制品重点实验室和西南地区林业生物质资源高效利用国家林业和草原局重点实验室等的支持。本书在研究与撰写过程中，得到了西南林业大学杜官本教授、史正军教授、徐开蒙教授等专家的诸多指导和纠正，在此致以衷心感谢！在本书编写过程中，参考了国内外有关资料，在此一并向相关学者表示衷心感谢。

目　　录

第一章　生物质化学实验技术基础

生物质是指利用大气、水、土地等通过光合作用而产生的各种有机体，即一切有生命的可以生长的有机物质通称为生物质。它包括植物、动物和微生物。广义概念：生物质包括所有的植物、微生物以及以植物、微生物为食物的动物及其生产的废弃物；有代表性的生物质如农作物、农作物废弃物、木材、木材废弃物和动物粪便。狭义概念：生物质主要是指农林生产过程中除粮食、果实以外的秸秆、树木等木质纤维素、农产品加工业下脚料、农林废弃物及畜牧业生产过程中的禽畜粪便和废弃物等物质。生物质有可再生性、低污染性和分布广泛等特点。

生物质的能源来源于太阳，所以生物质能是太阳能的一种。生物质是太阳能最主要的吸收器和储存器，它通过光合作用能够把太阳能积聚起来，储存于有机物中，这些能量是人类发展所需能源的源泉和基础。生物质是地球上存在最广泛的物质，它包括所有动物、植物和微生物以及由这些有生命物质派生、排泄和代谢的许多有机质。由生物质产生的能量便是生物质能。生物质能是太阳能以化学能形式贮存在生物中的一种能量形式，直接或间接来源于植物的光合作用。地球上的植物进行光合作用所消耗的能量，占太阳照射到地球总辐射量的0.2%。这个比例虽不大，但绝对值很惊人，经由光合作用转化的太阳能是目前人类能源消耗总量的40倍。可见，生物质能是一个巨大的能源。

生物质化学实验室的工作主要是通过化学、生物以及物理等手段将生物质转化为各种化学品、化学原料、燃料、食品、药物以及新材料等，以实现对石油产品的替代。

一、生物质化学实验室安全使用规则

生物质化学实验室中有很多电子仪器、玻璃仪器和化学药品等。此外，实验室属公共场所，来往的人员较多，稍有不慎就会发生事故，对人体或仪器造成伤害或损坏。因此实验室人员要严格遵守下列规则，以保证实验安全、有序、有效地进行。

(1)实验前做好预习，充分了解实验内容和实验步骤，不得擅自修改实验方案。设计性实验的实验方案要提交教师审查，经过允许后方可开始实验。

(2)实验室内要穿实验服或长衣长裤。禁止赤膊或穿短袖上衣以及短裤、拖鞋等。长发的同学要将头发扎起或盘起，衣物上的飘带等装饰品也要系好。

(3)实验室禁止吸烟、进食、大声喧哗、到处乱跑等，以免伤害自己或他人。

(4)实验操作中不允许离开。如果必须离开，需委托他人照管。

(5)实验操作中需要用到有毒、有害或腐蚀性药品以及会产生有害气体的物品时，要在通风橱内进行，并戴好橡胶手套和防护眼镜。实验后及时洗手。

(6)实验时严格按照实验方案取用药品，杜绝浪费。药品取用后放回原位。实验后的废弃物要倒到指定地点，按照实验室废弃物的处理方法进行销毁。

(7)保持实验台的清洁、整齐。打碎的玻璃器皿及时处理并登记。仪器出现故障要立刻报告教师。

(8)实验结束后及时清理仪器和实验台。值日生认真打扫实验室，确认煤气、水、电和门窗关好后方可离开实验室。

二、生物质化学实验意外事故的紧急处理

生物质化学实验室中危险的实验试剂很多，很容易对人体造成伤害。因不同危险源造成的伤害其急救方法也不尽相同，在伤害发生后采取正确的急救方法可以防止伤害扩大。以下是化学实验室一些意外事故的应急处理方法。

(1)玻璃割伤。首先用消毒棉签或纱布将伤口清理干净，并用镊子小心取出伤口中的玻璃碎片，涂上碘酒，必要时可用创可贴或纱布包扎。如果伤口较深，血流不止时，可在伤口上部10cm处扎上止血带，用纱布包扎伤口，送往医院治疗。

(2)一般烫伤或烧伤。用90%～95%乙醇涂抹伤处，或用3%～5%高锰酸钾溶液擦拭伤处直到皮肤变为棕色，再涂上凡士林或烫伤膏。若伤处起泡，不要弄破水泡，伤情严重者，用纱布包扎伤处后送往医院治疗。

(3)强酸强碱灼伤。若酸碱浓度较低，可先用大量的清水冲洗，再用低浓度的弱碱或弱酸冲洗(酸性灼伤一般用2%$NaHCO_3$溶液，碱性灼伤用1%硼酸或2%乙酸溶液)。浓硫酸或干石灰等浓酸浓碱烧伤时，一定要先用干布擦拭干净后再参照稀酸稀碱的处理方法处理。

(4)氢氟酸灼伤。氢氟酸(包括氟化物)具有强烈的腐蚀性，其不仅能腐蚀皮肤和组织，甚至能腐蚀骨骼，造成难以治愈的烧伤，所以使用时要极其注意。一旦被氢氟酸灼伤，应立即用大量清水冲洗20min以上，再敷上新配制的20%MgO甘油悬浮液。

(5)溴灼伤。应立即用乙醇溶液冲洗，再用大量清水冲洗干净后，涂上甘油。

(6)眼睛灼伤或进异物。眼睛灼伤后要用大量的清水冲洗，时间不少于15min，

如有必要应立即送往医院治疗。眼睛进异物后应及时取出，不要用手揉擦，可任其流泪使异物随泪水流出。

(7) 吸入毒气。应立即转移到通风处或室外，解开衣领呼吸新鲜空气。要对休克者进行人工呼吸，但不要使用口对口法，之后送往医院救治。

(8) 吞入毒物。毒物未咽下时要立即吐出，并用大量清水漱口。咽下毒物后要根据毒物性质采取措施：吞入刺激性或神经性毒物后要服用牛奶或鸡蛋清缓和，之后用 5～10mL 稀的硫酸铜溶液加一杯温开水送服，再经催吐后送往医院治疗；误食酸或碱性毒物后，先喝大量的水，再饮牛奶或鸡蛋清，不能催吐；吞入重金属，要服用一些硫酸镁稀溶液，然后立即就医。

(9) 触电。应立即切断电源，采取人工呼吸对触电者进行急救。

三、实验室安全用电与灭火常识

1. 实验室安全用电

25mA 交流电通过人体会导致呼吸困难，100mA 以上则会致死。因此，实验室人员应具备安全用电常识。在实验室用电要注意以下几点。

(1) 熟悉总电源开关位置，并知道如何切断总电源。

(2) 不用湿手接触电器，不用导电物(如铁丝等金属制品)试探电源插座内部，不用湿抹布擦拭带电仪器。

(3) 电器使用完毕应及时拔掉电源插头。不能用力拉拽电线，防止绝缘层受损而漏电。

(4) 损坏的电器应及时维修和更换。维修应找专业人员，即使是简单的维修也要在教师的指导下进行。

(5) 电炉和烘箱处于工作状态时要保持实验室有人。

2. 实验室灭火常识

在化学实验中，经常遇到加热或使用低沸点有机溶剂(表 1-1)的情况。在进行这些实验操作时，稍有不慎，就会引发着火事故。

表 1-1　常见有机液体的易燃性

名称	沸点/℃	闪点[a]/℃	自燃点[b]/℃
石油醚	40～60	−45	240
乙醚	34.5	−40	180
丙酮	56	−17	538

续表

名称	沸点/℃	闪点[a]/℃	自燃点[b]/℃
甲醇	65	10	430
95%乙醇	78	12	400
二硫化碳	46	−30	100
苯	80	−11	—
甲苯	111	4.5	550
乙酸	118	43	425

注：a. 闪点是指液体的表面蒸气与空气混合后遇到明火时产生爆炸的最低温度。
b. 自燃点是指其蒸气在空气中自燃的温度。

实验室常用灭火器材：现今的化学实验室一般应配备灭火毯、CO_2 灭火器和泡沫灭火器等灭火器材。CCl_4 灭火器因为毒性大，一般不采用。

实验室常见的着火事故以及相应处理方法如下。

(1) 有机溶剂在实验台燃烧。不能用水冲，要用灭火毯扑灭。

(2) 碱金属及其氢化物等着火。用干燥的沙土覆盖灭火。严禁用水或 CO_2 灭火器灭火，否则会产生剧烈的爆炸。

(3) 衣物着火。一般小火可用湿抹布或灭火毯。火势较大时，应就近用水龙头冲灭或就地卧倒打滚将火压灭，但要注意防止头发着火。

(4) 反应体系着火。正在容器内反应的体系着火时较为危险，应立即用灭火毯包裹，不要用水灭火，防止玻璃容器炸裂造成反应物泄漏而扩大火势。

(5) 电器着火。电器着火应立即切断电源并用 CO_2 灭火器灭火。切忌用水或泡沫灭火器，防止造成触电。

总之，在着火时要沉着冷静，根据不同的着火情况采取不同的灭火方法。如果火势过大无法扑灭，应立即拉响警报逃离火场，并拨打火警电话“119”等待处理。

四、危险化学品的使用

实验室经常会使用一些易燃易爆、有毒有害的化学品，为了对人民的生命财产安全负责，我国对危险化学品的生产、运输和储存等有着严格的法律规定(参见《危险化学品安全管理条例》)。实验室购买危险化学品时，需在公安机关备案。购买后的储存方法也要按照国家规定的方法实行，并要有专人进行管理。

1. 危险化学品分类

根据我国已有的标准［《危险货物分类和品名编号》(GB 6944—2012)、《危险货物品名表》(GB 12268—2012)、《化学品分类和危险性公示通则》(GB

13690—2009）和《危险化学品目录》］，危险化学品可分为以下八大种类：

（1）爆炸品。指在外界作用下（受热、摩擦、撞击等）能发生剧烈的化学反应，瞬间产生大量的气体和热量，使周围的压力急剧上升，发生爆炸，对周围环境、设备、人员造成破坏和伤害的物品。常见的有高氯酸等本身有爆炸危险的物质和物品；二亚硝基苯等燃烧后容易发生爆炸的物质和物品；四唑并-1-乙酸等具有潜在爆炸性的物质和物品。

（2）压缩气体和液化气体。指压缩的、液化的或加压溶解的气体。其危害体现在受热、撞击或强烈震动时，容器内压力急剧增大，致使容器破裂，物质泄漏、爆炸等。常见的有氨气、一氧化碳、甲烷等易燃气体；氮气、氧气等不可燃气体；液氯、液氨等有毒气体。

（3）易燃液体。指在常温下易挥发，其蒸气与空气混合能形成爆炸性混合物的物质。常见的有乙醛、丙酮等低闪点液体；苯、甲醇等中闪点液体；环辛烷、氯苯、苯甲醚等高闪点液体。

（4）易燃品、自燃品和遇湿易燃品。易燃品，指燃点低，对热、撞击、摩擦敏感，易被外部火源点燃，迅速燃烧，能散发有毒烟雾或有毒气体的药品，如红磷、硫黄等。自燃品，指自燃点低，在空气中易于发生氧化反应放出热量，而自行燃烧的药品，如黄磷、三氯化钛等。遇湿易燃品，指遇水或受潮时，发生剧烈反应，释放大量易燃气体和热量的药品，有的不需明火，就能燃烧或爆炸，如金属钠、氰化钾等。

（5）氧化剂和有机过氧化物。这类物品具有强氧化性，易引起燃烧、爆炸。其中氧化剂指具有强氧化性，易分解释放氧和热量的物质，对热、震动和摩擦比较敏感，如氯酸铵、高锰酸钾等。有机过氧化物指分子结构中含有过氧键的有机物，其本身易燃易爆、极易分解，对热、震动和摩擦也极为敏感，如过氧化苯甲酰、过氧化甲乙酮等。

（6）有毒品。指进入人或动物机体后，累积达到一定的量能与体液和组织发生生物化学作用或生物物理作用，扰乱或破坏机体的正常生理功能，引起暂时或持久性的病理改变，甚至危及生命的物品。如各种氰化物、砷化物、化学农药等。

（7）腐蚀品。指能灼伤人体组织并对金属等物品造成损伤的固体或液体。常见的有硫酸、硝酸、盐酸等酸性腐蚀品；氢氧化钠、硫氢化钙等碱性腐蚀品；二氯乙醛、苯酚钠等其他腐蚀品。

（8）放射性物品。如铀 238、钴 60 等。这类物品属于危险化学品，但不属于《危险化学品安全管理条例》的管理范围，其定义和管理方法等参见《放射性物品运输安全管理条例》。

2. 危险化学品储存

储存危险化学品时，应根据危险化学品的种类、特性、危险程度和场地环境等因素分开存放。储存场所要有完善的通风、调温、防火、防潮等安全设施，并按照国家规定的要求定期养护，使其处于安全运行状态。危险化学品一般是由专人专库单独保管。存放的基本原则也是按照危险化学品的类别不同，确定不同的储存方法。

(1)易燃易爆以及低沸点物品。此类物品适宜低温储存，不宜大量、长久保存，不得与氧化剂接近，忌将多种此类物品混合存放。储存场所的照明和容器等要选用防爆类型，如防爆照明灯、防爆冰箱等。此外，还要加强通风设备，远离火源并安放消防器材。

(2)剧毒品。此类物品必须存放于保险柜中，购入后执行“五双”制度(即双人验货、双人发货、双人保管、双把锁、双本账)。配制时要记录详细的数量、浓度、配置人、日期等，使用时要详细记录消耗数量、使用人、残余量及处理时间、处理方法和处理后的去向。每个步骤除详细记录外，还需第二人认真复核。一旦出现问题，要及时向教师或领导报告，并及时报警，防止酿成灾祸。

(3)腐蚀性物品。此类物品应存放在合适的密闭容器中，避光避水，避免接触皮肤，还应配备良好的通风设备。

(4)放射性物品。此类物品要单独存放，要有专业的防护设备、操作设备、防护服等。

五、实验室废弃物的处理

如果实验过程中产生的废弃物不经过处理就直接排放，将会对环境和人体健康造成极大危害。因此，实验室人员要节约使用试剂，尽量循环使用，养成废弃物集中处理的习惯，并且能够正确处理每种废弃物。

(一)实验室废弃物的收集、存放

实验室的废弃物要集中收集，单独存放。严格禁止将有害废液、废渣直接倒入下水道或弃于垃圾桶内，不能将收集的废弃物放置在楼道和阳台等公共场所。

1. 固体废弃物的收集、存放

固体废弃物要保存在原有的空试剂瓶中，注明废弃试剂，暂时存放在试剂柜中。

2. 液体废弃物的收集、存放

实验室的废弃物大部分呈液体状态，各种废液的收集方法不尽相同。

(1)一般废液。实验室阴凉处一般应准备三个带盖的废液桶，分别标明无机废液、有机废液和卤素有机废液。每个废液桶都要建立“废液成分记录单”，倒入的废液要记录主要成分的全称或分子式，不能只写简称或缩写。

(2)有毒、有害、含爆炸性物质或高浓度的废液，不能倒入普通的废液桶内，要单独收集，尽快处理。

3. 气体废弃物的收集、存放

一般产生有害废气的实验都是在通风橱内进行。在搭设实验装置时就要加装尾气吸收装置，用特定的溶液或有机溶剂吸收废气，并尽快处理。

(二)实验室废弃物的处理方法

1. 固体或气体废弃物

无论是固体还是气体废弃物，一般情况下都是制成溶液后再处理。

(1)碱金属及其衍生物。对于这类废弃物，处理的一般原则是在不反应的中性溶剂中，缓慢加入醇类，使其反应放出氢气后再以稀酸中和并冲入下水道。

①钾。小粒的钾加到干燥的叔丁醇中，再用无甲醇的乙醇溶解，稀酸中和后冲走。

②钠。小块加到乙醇或异丙醇中，溶解后加水至澄清，稀酸中和后冲走。

③碱金属氢化物和氨化物。将其悬浮在干燥的四氢呋喃中，边搅拌边滴加乙醇或异丙醇，直至不再放出氢气，加水至澄清，稀酸中和后冲走。

④氢化铝锂。将其悬浮在干燥的四氢呋喃中，边搅拌边滴加乙酸乙酯，直至不再放出氢气，稀酸中和后冲走。

⑤有机锂化合物。将其悬浮在干燥的四氢呋喃中，边搅拌边滴加乙醇，直至不再放出氢气，加水至澄清，稀酸中和后冲走。

⑥硼氢化钠(钾)。溶解于甲醇后，加水稀释，在通风橱内加酸，此时会有硼烷(剧毒)气体产生，废液再用碱中和至中性后冲走。

(2)酰氯、酸酐、五氧化二磷、氯化亚砜等酸性化合物。用大量水溶解后，加碱中和至中性后冲走。

(3)含镍、铜、铁等重金属的固体。1g 以下可用大量水冲走。量多时应密封于容器内，贴好标签，集中深埋。

(4)氯气、二氧化硫等酸性气体。用氢氧化钠溶液吸收，中和至中性后冲走。

2. 液体废弃物

液体废弃物，一般都是指一些溶液。根据溶剂的性质，总体上分为无机和有机两大类分别处理。无机废液处理的原则是将其中有害溶质分离或转变成无害物质。而有机废液一般采用焚烧方法除去其中有机成分，再按照无机废液的方法处理。

1)无机废液的处理

(1)含重金属的废液。含重金属的废液一般是使金属离子形成难溶物沉淀(一般是碳酸盐、氢氧化物和硫化物)，沉淀分离并密封后深埋处理。不同的重金属离子使用的沉淀剂不同。

①含六价铬的废液。六价铬有很强的氧化性，处理时需要用还原剂使其降为三价铬，再形成 $Cr(OH)_3$ 沉淀而除去。

②含汞的废液。加入 NaS 将 Hg^{2+}转变成难溶的 HgS，在 pH 为 6～8 时与 $Fe(OH)_3$形成共沉淀而除去。

③含铅和镉的废液。加入 $Ca(OH)_2$ 使其转变为难溶的 $Pb(OH)_2$ 和 $Cd(OH)_2$，再与絮凝剂共沉淀而除去。

④含钡的废液。加入 Na_2SO_4 生成沉淀后除去。

(2)含砷的废液。虽然砷为非金属，其处理方法却与重金属类似。处理时，加入 $Fe(OH)_3$ 使其生成共沉淀而除去。最适宜条件为：铁砷质量比为 30～50，pH 为 7～10。

(3)含硼的废液。废液浓缩后，用阴离子交换树脂吸附处理。

(4)含氟的废液。边搅拌边加入消化石灰乳直至废液显碱性，放置一夜后将沉淀滤除。如果有必要，可用阴离子交换树脂进一步处理。

(5)含卤素、磷、硫的氢化物、硫化物或氰化物的废液。用过量的 NaClO 氧化后用水冲走。

(6)含过氧化物的废液。在酸性条件下，用二价铁或 Na_2S 将其还原，中和后用水冲走。

(7)浓酸(如浓硫酸、浓盐酸、氯磺酸等)废液。在冰水中稀释，中和后用大量水冲走。

(8)其他含酸、碱、盐类的废液。中和至中性后，用大量水冲走。

2)有机废液的处理

可燃的废液一般采用焚烧法处理。不可燃的废液可与其他可燃物质混合后焚烧处理，小心收集固体残渣，按照固体废弃物的方法处理。在焚烧时应特别注意是否会产生有害气体，产生的有害气体要用相应的溶剂吸收处理。

此外，在生物质化学实验中，常常会使用到纤维素、淀粉、蛋白质、动植物油脂等原料。实验完成后会产生大量的天然有机化合物残渣。这些残渣在自然界很容易被微生物分解，因此可以用大量水将其稀释后直接冲走。

六、实验室常用器材使用方法

实验室常用器材主要包括加热装置、搅拌器、玻璃仪器、旋转蒸发器、压缩气体钢瓶、真空泵等，下面主要介绍其使用方法和注意事项等。

(一)加热装置

为了加速化学反应，以及将产物蒸馏、分馏等，往往需要加热。但是考虑到大多数有机化合物包括有机溶剂都是易燃易爆物，所以在实验室安全规则中就规定禁止用明火直接加热(特殊需要除外)。为了保证加热均匀，一般使用热浴进行间接加热。作为传热的介质有空气、水、有机液体、熔融的盐和金属等，根据加热温度、升温的速度等需要，常用下列手段。

1. 水浴

当加热的温度不超过100℃时，最好使用水浴加热较为方便。但是必须指出：当用到金属钾、钠的操作以及无水操作时，决不能在水浴上进行，否则会引起火灾或使实验失败；使用水浴时勿使容器触及水浴器壁及其底部。由于水浴的不断蒸发，适当时要添加热水，使水浴中的水面保持稍高于容器内的液面。电热多孔恒温水浴，使用起来较为方便。

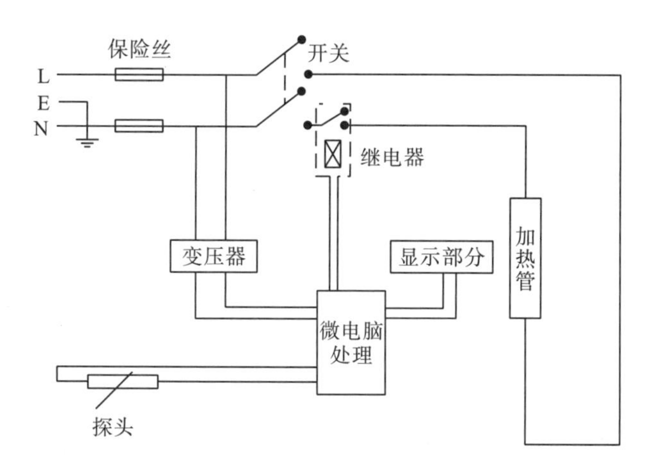

图1-1　水浴锅的电气工作原理图

1)水浴锅使用方法

水浴锅的电气工作原理见图1-1，使用方法如下。

(1)向工作室水箱中注入适量洁净的自来水。

(2)调温旋钮调至最低。

(3)接通电源，打开电源开关。

(4)设定需要加热的温度，此时显示屏上显示的是设定温度。

(5)开始加热。此时显示屏上显示的是工作室水箱内的实际温度，当设定温度高于探头测得的温度时，自动开启加热，加热指示灯亮。

(6)加热到所需温度时，加热会自动停止，加热指示灯灭；随着工作室水箱的热量散发，低于所需温度时，加热会重新开始。如此循环往复，使加热温度控制在一个很小的范围内。

(7)工作完毕，取出被加热器皿，将温度调至最小后切断电源。

2)注意事项

(1)加热前要检查工作室水箱内的水位，要保证水位至少高于加热管 20cm。

(2)加热时应随时关注水位情况，一旦水位低于最低线时，应及时补充适量的水。

(3)水浴锅应在通风良好、避免阳光直射的地方使用。

(4)高温加热时，不要直接接触仪器上部，以免烫伤。

(5)若水浴锅长时间不使用，应将工作室水箱中的水排净，用布擦干。

(6)定期清理工作室水箱内的水垢，以免影响加热。

(7)电线、插头等部件损坏时，应找专业人员维修。

3)常见故障及排除

水浴锅的常见故障与排除方法见表 1-2。

表 1-2 水浴锅常见故障与排除方法

常见故障	故障原因	排除方法
显示屏不亮	没有通电	检查电源是否接通、保险丝是否烧断、内部变压器是否烧坏、内部线头是否脱落，重新插好或更换部件
测量或设定时显示“000”	控制面板接触不良	检查控制面板是否接触良好，重新更换或焊接好
显示屏显示正常，加热管不加热	加热管或加热继电器损坏或接触不良	检查加热管是否烧坏、与加热管相连接的线是否脱落、控制加热继电器的触点是否烧坏，重新更换或维修
显示不稳定，数字乱动	线路板短路	检查工作室水箱是否有渗漏现象、线路控制板是否潮湿，重新紧固或晒干线路板

2. 油浴

当加热温度在 100～200℃时，宜使用油浴，优点是使反应物受热均匀，反应物的温度一般低于油浴温度 20℃左右。油浴常用的油如下：

(1)甘油：可以加热到 140～150℃，温度过高时则会炭化。

(2)植物油：如菜籽油、花生油等，可以加热到 220℃，常加入 1%的对苯二酚等抗氧化剂，便于久用。温度过高时会分解，达到闪点时可能会燃烧，所以使用时要小心。

(3)石蜡油：可以加热到 200℃左右，温度稍高并不分解，但较易燃烧。

(4)硅油：硅油在 250℃时仍较稳定，透明度好，安全，是目前实验室油浴中较为常用的油之一，但其价格较贵。

使用油浴加热时要特别小心，防止着火，当油浴受热冒烟时，应立即停止加热。油浴中应挂一温度计，可以观察油浴的温度和有无过热现象，同时便于调节控制温度，温度不能过高，否则受热后有溢出的危险。使用油浴时要竭力避免可能引起油浴燃烧的因素。

加热完毕取出反应容器时，用铁夹夹住反应器离开油浴液面悬置片刻，待容器壁上附着的油滴完后，再用纸片或干布擦干器壁。

3. 加热套

加热套是现今化学实验室最常用的直接加热设备，它具有轻便安全、加热均匀、效率高、无明火、不易碰坏玻璃仪器等优点。因此逐渐取代了酒精灯、煤气灯和电炉等加热器。

加热套采用耐高温的玻璃纤维为绝缘材料，可以长时间连续工作：高温时能连续工作 4～8h，低温时能连续工作 24h。加热套的规格通常以其容量为依据进行划分，即以其内部能容纳的最大器皿（通常为圆底烧瓶）的容积为准。常见的有 100mL、250mL、500mL、1000mL、2000mL、3000mL 和 5000mL。

加热套使用简单，接通电源后，打开电源开关，调节调压旋钮就可以调节输出功率，同时指示灯上的明暗变化也能粗略表示电压变化。

使用加热套的注意事项如下。

(1) 第一次使用时冒白烟是正常现象，待无白烟后即可正常使用。

(2) 加热套受潮后，由于会产生感应电，所以不能直接接触，加热几分钟使其干燥后就能正常使用。

(3) 如非必须调温，应将调压旋钮置于固定位置，这样可延长其使用寿命。

(4) 加热套功率很高，绝缘配件较其他仪器更易老化。因此使用加热套时一定要保证接地良好。

（二）搅拌器

搅拌器也是有机化学实验必不可少的仪器之一，它可使反应混合物混合得更加均匀，反应体系的温度更加均匀，从而有利于化学反应的进行特别是非均相反应。

搅拌的方法有三种：人工搅拌、电磁搅拌、机械搅拌。人工搅拌一般借助于玻璃棒，电磁搅拌是利用电磁搅拌器，机械搅拌则是利用机械搅拌器。

1. 电磁搅拌器

1) 电磁搅拌器工作原理及配件

电磁搅拌器是由磁场的变化使容器中转子发生转动，从而起到搅拌的效果。

转子内核是磁铁，外部包裹着聚四氟乙烯，防止磁铁被腐蚀、氧化和污染反应体系。转子的外形有多种，如棒状、锥状和椭球状，各种形状还有大小的区别，依照形状和大小可以选择适用的各种容器(一般为平底容器)。电磁搅拌器通常可以调节搅拌速度，有的同时配有加热装置，可以在搅拌的同时进行电加热。

2)电磁搅拌器使用方法

(1)将装有液体和转子的器皿放在工作面顶板上。

(2)接通电源，打开开关，指示灯亮。

(3)选择是否加热。打开加热开关，加热指示灯亮，则为加热状态。

(4)调节调速旋钮，达到所需转速。如果需要双向搅拌，将方向选择开关拨向“双向”，此时“双向”指示灯亮。

(5)工作完毕，将转速调至最小，关闭加热开关，关闭电源后切断电源。

(6)将工作面顶板擦拭干净，转子洗净晾干，放在干净的自封袋中。

3)常见故障及排除

电磁搅拌器的常见故障与排除方法见表1-3。

表1-3 电磁搅拌器的常见故障与排除方法

常见故障	故障原因	排除方法
整机无任何反应	没有通电	检查电源是否接通，保险丝是否烧坏。如已损坏，应及时更换
加热指示灯不亮，加热盘不工作	加热盘损坏	重新更换加热盘
转子乱跳	搅拌速度调节过快	从慢到快缓缓调速

2. 机械搅拌器

1)机械搅拌器结构及其配件

当反应体系的黏度较大时，如制备黏合剂，或当反应体系量较多时，常常使用机械搅拌器。在进行乳液聚合和悬浮聚合时，也离不开机械搅拌，需要强力搅拌使单体相在分散介质中分散成微小液滴。

机械搅拌器由马达、搅拌棒和控速部分组成。其中搅拌棒有很多种形状，如锚式搅拌棒，常用于反应釜，用于工业生产的锚式搅拌棒还设计了多维立体的各类形状，以提高搅拌效率。活动叶片式搅拌棒是实验室中常用的搅拌棒，它可以方便地放入反应瓶中，搅拌时由于离心作用，叶片自动处于水平状态。这种搅拌棒常外包聚四氟乙烯，其经久耐用、易清洗，并且多做成叶片可活动的锚式结构，搅拌力度大，混合效果好。

马达和搅拌棒之间可以采用两种连接方式。一种是使用配套的金属连接头，连接时将连接头下部的螺栓旋紧即可；另一种是用橡胶管连接，可以连接各种搅拌棒，有的搅拌棒过细，还需要在橡胶管上用铁丝固定，这种连接的好处是在搭反应装置时不会由于不完全垂直而产生应力，致使搅拌棒折断。搅拌棒放入反应瓶中也需要连接密封件，该部件位于反应器的瓶口处，称为搅拌套管。它的类型也有多种，实验室常用的搅拌套管有磨口玻璃的搅拌套管、自制橡胶塞搅拌套管和聚四氟乙烯搅拌套管；在需要严格密封的场合还可以使用带液封的玻璃搅拌套管，或自制套管以提高密封效果，如在搅拌套管上加一段较长的与搅拌棒紧配的真空橡胶管，使搅拌棒刚好插入，并用少许凡士林等润滑。聚四氟乙烯搅拌套管的密封效果一般不是很好，可用于密封条件要求不高的场合，实验中也可在搅拌棒与搅拌套管的衔接位置缠上生料带以提高密封性。

机械搅拌器一般配有调速装置，没有调速装置的也可自配调速装置，较好的搅拌器可以准确显示搅拌速度。

2）机械搅拌器使用方法

机械搅拌器的电气工作原理见图 1-2，使用方法如下。

（1）正确放置装液器皿。

（2）调整，校准搅拌棒在溶液中的深度并夹紧。

（3）接通电源，打开电源开关，指示灯亮。

（4）选择定时。将定时旋钮调至“定时”或“常开”的位置。

（5）调节调速旋钮，升到所需转速。

（6）工作完毕，将调速旋钮调到最小位置，定时器调为“0”，关闭电源开关，切断电源。

（7）将搅拌棒洗净晾干，洗涤标准参照玻璃仪器洗涤要求。

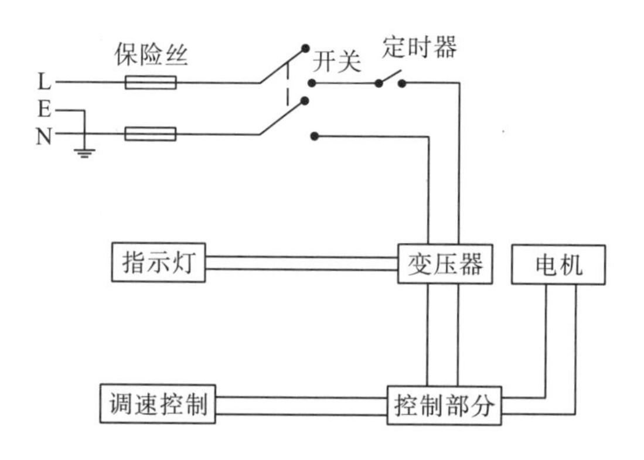

图 1-2 机械搅拌器电气工作原理图

3）常见故障及排除

机械搅拌器的常见故障与排除方法见表 1-4。

表 1-4 机械搅拌器的常见故障与排除方法

常见故障	故障原因	排除方法
整机无任何反应	没有通电	检查电源是否接通，保险丝是否烧坏。如果已损坏，应及时更换
搅拌棒不转或调速无反应	控制板已坏	更换控制板

(三)玻璃仪器

化学实验室使用的玻璃仪器可分为普通玻璃仪器和磨口玻璃仪器。

1. 标准接口玻璃仪器

标准接口玻璃仪器是具有标准化磨口或磨塞的玻璃仪器。由于仪器口塞尺寸的标准化、系统化、磨砂密合，凡属于同类规格的接口，均可任意连接，各部件能组装成各种配套仪器。与不同类型规格的部件无法直接组装时，可使用转换接头连接。使用标准接口玻璃仪器，既可免去配塞子的麻烦，又能避免反应物或产物被塞子玷污的危险，并且口塞磨砂性能良好，使密合性可达较高真空度，对蒸馏尤其是减压蒸馏有利，对于涉及毒物或挥发性液体的实验较为安全。

标准接口玻璃仪器，均按国际通用的技术标准制造，当某个部件损坏时，可以选购。标准接口仪器的每个部件在其口塞的上或下显著部位均有烤印的白色标志，表明规格。常用的有 10#、12#、14#、16#、19#、24#、29#、34#、40#等。

有的标准接口玻璃仪器烤印有两个数字，如 10/30，10 表示磨口大端的直径为 10mm，30 表示磨口的高度为 30mm。

使用标准接口玻璃仪器应注意以下几点。

(1)磨口塞应保持清洁，使用前宜用软布揩拭干净，但不能附上棉絮。

(2)使用前在磨砂口塞表面涂少量凡士林或真空油脂，以增强磨砂口的密合性，避免磨面相互磨损，同时也便于接口的装拆。

(3)装配时，把磨口和磨塞轻轻地对旋连接，不宜用力过猛。但不能装得太紧，只要达到润滑密闭要求即可。

(4)用后应立即拆卸洗净。否则，对接处可能会粘牢，以致拆卸困难。

(5)装拆时应注意相对的角度，不能在角度偏差时进行硬性装拆，否则极易造成破损。磨口套管和磨塞应该是由同种玻璃制成的。

2. 玻璃仪器的干燥

有机化学实验室经常需要使用干燥的玻璃仪器，故要养成在每次实验后及时把玻璃仪器洗净并倒置使之晾干的习惯，以便下次实验时使用。干燥玻璃仪器的方法有下列几种。

(1) 自然风干是指把已洗净的玻璃仪器置于干燥架上自然风干，这是常用而简单的方法。但必须注意，若玻璃仪器洗得不够干净时，水珠不易流下，干燥较为缓慢。

(2) 烘干是指把已洗净的玻璃仪器由上层到下层放入烘箱中烘干。放入烘箱中干燥的玻璃仪器，一般要求不带水珠，器皿口侧放。带有磨砂口玻璃塞的仪器，必须取出活塞才能烘干，玻璃仪器上附带的橡胶制品在放入烘箱前也应取下。烘箱内的温度保持在 105℃左右，烘干时间约 0.5h。待烘箱内的温度降至室温时才能取出，切不可把很热的玻璃仪器取出，以免骤冷使之破裂。当烘箱已工作时，不能往上层放入湿的器皿，以免水滴下落，使热的器皿骤冷而破裂。

(3) 吹干。有时仪器洗涤后需要立即使用，可吹干，即用气流干燥器或电吹风把仪器吹干。首先将水尽量晾干后，加入少量丙酮或乙醇摇洗并倾出，先通入冷风 1～2min，待大部分溶剂挥发后，再吹入热风至完全干燥为止，最后吹入冷风使仪器逐渐冷却。

(四) 旋转蒸发器

旋转蒸发器是实验室广泛应用的一种蒸发仪器（图 1-3），适用于回流操作、大量溶剂的快速蒸发、微量组分的浓缩和需要搅拌的反应过程等。旋转蒸发器系统可以密封减压至 400～600mmHg；用热浴加热蒸馏瓶中的溶剂，加热温度可接近该溶剂的沸点；同时还可进行旋转，速度为 50～160r/min，使溶剂形成薄膜，增大蒸发面积。此外，在高效冷却器作用下，可将热蒸气迅速液化，加快蒸发速率。

1. 工作原理

旋转蒸发器主要用于医药、化工和生物制药等行业的浓缩、结晶、干燥、分离及溶媒回收。其原理为在真空条件下，恒温加热，使旋转瓶恒速旋转，物料在瓶壁形成大面积薄膜，高效蒸发。溶媒蒸气经高效玻璃冷凝器冷却，回收于收集瓶中，大大提高蒸发效率。特别适用于对高温容易分解变性的生物制品的浓缩提纯。

2. 结构特点

(1) 采用聚四氟乙烯和橡胶复合密封，能保持高真空度。

(2) 防爆旋转蒸发器采用高效冷凝器确保高回收率。

(3) 可连续进料。

(4) 水浴锅数字恒温控制。

(5) 结构合理，用料讲究。机械结构大量采用不锈钢和铝合金件，玻璃件全部采用耐高温高硼玻璃。

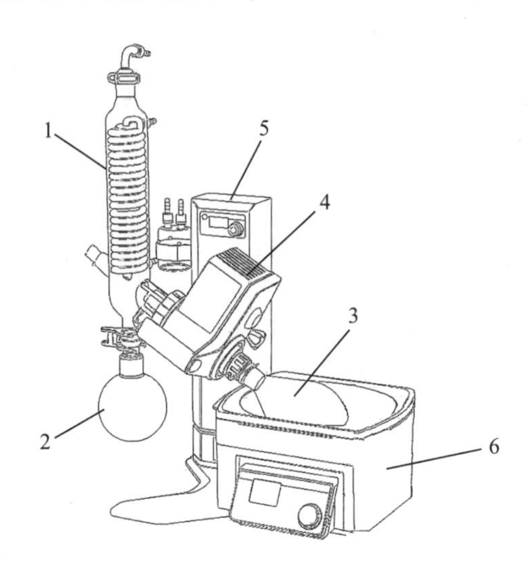

图 1-3 旋转蒸发器

1-冷凝管；2-接收瓶；3-蒸发瓶；4-电动机；5-升降机；6-水/油浴锅

（五）压缩气体钢瓶

在生物质化学实验中，有时会用到气体作为反应物，如氢气、氧气等；也会用到气体作为保护气，如氮气、氩气等；有的气体用来作为燃料，如煤气、液化气等。所有这些气体都需要装在特制的容器中。一般都用压缩气体钢瓶。将气体以较高压力贮存在钢瓶中，既便于运输又可以在一般实验室里随时用到非常纯净的气体。由于钢瓶里装的是高压的压缩气体，因此在使用时必须注意安全，否则将会十分危险。

1. 高压气瓶的存放

有机化学实验室里常用的压缩气体压强一般接近 200 个大气压。压缩气体钢瓶的瓶体是非常坚实的，而最易损坏的，应是安装在钢瓶出气口的排气阀，一旦排气阀被损坏，后果则不堪设想。因此，为安全起见，都要在排气阀上装一个罩子。除此之外，这些压缩气体钢瓶应远离火源和有腐蚀性的物质，如酸、碱等。

实验室里用的压缩气体钢瓶，一般高度约 160cm，毛重 70～80kg。对于如此庞大的物体，如果不加以固定，一旦倒下来有可能会砸坏东西或砸伤人，且还会有高压气体泄露带来的危险。因此，从安全考虑，应当将钢瓶固定在某个地方，如固定在桌边或墙角等。

为了转移方便，一般选用特制的推车转移钢瓶。此外，正确识别钢瓶所装的气体种类，也是一件相当重要的事情。

2. 高压气瓶的漆标志

虽然所有的气体钢瓶外面都会贴有标签来说明瓶内所装气体的种类及纯度，但是这些标签往往会被损坏或腐烂。为保险起见，所有的压缩气体钢瓶都会依据一定的标准根据所装的气体被涂成不同的颜色。常见高压气瓶的漆标志如下。

氧气瓶颜色为淡蓝(天蓝)色，字样“氧”，字样颜色为黑色，当压力为20MPa，为一道白色环，当压力为30MPa，为二道白色环。

氢气瓶颜色为淡绿色，字样“氢”，字样颜色为大红色，当压力为20MPa，为一道淡黄色环，当压力为30MPa，为二道淡黄色环。

氨气瓶颜色为淡黄色，字样“液氨”，字样颜色为黑色。

空气瓶颜色为黑色，字样“氧”，字样颜色为白色，当压力为20MPa，为一道白色环，当压力为30MPa，为二道白色环。

氮气瓶颜色为黑色，字样“氮”，字样颜色为淡黄色，当压力为20MPa，为一道白色环，当压力为30MPa，为二道白色环。

氯气瓶颜色为深绿色，字样“液氯”，字样颜色为白色。

溶解乙炔气瓶颜色为白色，字样“乙炔不可近火”，字样颜色为大红。

二氧化碳气瓶颜色为铝白，字样“液化二氧化碳”，字样颜色为黑色，当压力为20MPa，为一道黑色环。

液化石油气瓶颜色为银灰色，字样“液化石油气”，字样颜色为大红色。

(六)真空泵

1. 真空泵的分类

根据使用的范围和抽气效能可将真空泵分为以下三类。

(1)一般水泵，压强可达1.333～100kPa(10～760mmHg)，为“粗”真空。

(2)油泵，压强可达0.133～133.3Pa(0.001～1mmHg)，为“次高”真空。

(3)扩散泵，压强可达0.133Pa(10^{-3}mmHg)以下，为“高”真空。

在有机化学实验室里常用的减压泵有水泵和油泵两种，若不要求很低的压力，可用水泵。如果水泵的构造好且水压又高，抽空效率可达1067～3333Pa(8～25mmHg)。水泵所能抽到的最低压力理论上相当于当时水温下的水蒸气压力。例如，水温25℃、20℃、10℃时，水蒸气的压力分别为3192Pa、2394Pa、1197Pa(8～25mmHg)。用水泵抽气时，应在水泵前装上安全瓶，以防水压下降，水流倒吸；停止抽气前，应先放气，然后关水泵。

若要求较低的压力，则要用油泵，好的油泵能抽到133.3Pa(1mmHg)以下。油泵的好坏取决于其机械结构和油的质量，使用油泵时必须把它保护好。如果蒸馏挥发性较大的有机溶剂时，有机溶剂会被油吸收导致蒸气压增大，从而降低抽空效能；如果是酸性气体，则会腐蚀油泵；如果是水蒸气就会使油成乳浊液而抽坏真空泵。因此使用油泵时必须注意下列几点。

(1) 在蒸馏系统和油泵之间，必须装有吸收装置。

(2) 蒸馏前必须用水泵彻底抽去系统中有机溶剂的蒸气。

(3) 如能用水泵抽气，则尽量用水泵，如蒸馏物质中含有挥发性物质，可先用水泵减压抽降，然后改用油泵。

(4) 减压系统必须保持密不漏气，所有橡皮塞的大小和孔道要合适，橡皮管要用真空用的橡皮管，磨口玻璃涂上真空油脂。

2. 抽真空步骤及注意事项

首先检查真空容器所处状态，是处于真空下还是处于大气下。这决定了两种启动真空设备的程序：第一种，真空状态下操作程序；第二种，大气状态下操作程序。注意：第一次启动要先打开总控电源，总控电源上三个灯表示三相电，三灯全亮表示正常。

(1) 如果容器处于低真空下，不能立即打开闸板阀以免引起真空油的回流。正确的操作步骤是先打开水龙头，然后打开机械泵(注：按下机械泵的启动键)，同时打开真空计电源，观察真空计读数到达 30Pa 左右时，再打开分子泵(注：先按下总电源，然后按下启动键)，看到分子泵的工作频率达到 50Hz 左右时方可打开闸板阀。

(2) 如果容器处于大气下，首先要做的是检查大漏，即关闭容器大门和放气阀。然后打开水龙头、闸板阀、机械泵、真空计电源，观察真空计读数到达 30Pa 左右时，再打开分子泵(注：先按下总电源，然后按下启动键)。

(3) 等到分子泵正常工作后(工作频率稳定在 450Hz)，按下真空计中电离计单元的启动键对真空度进行观测。

(4) 在真空达到时可以打开离子泵，此时先关闭分子泵处的闸板阀，但不要关闭分子泵，等到离子泵的电压达到 4000V 时(离子泵稳定工作后)再关掉分子泵、机械泵。

(5) 如果不需要维持真空时，先关掉真空计电源，然后需把离子泵的闸板阀关闭即可，不关闭离子泵，而是让离子泵处于工作状态保持其内部环境(注意：烘烤开关与离子泵不能同时打开，烘烤的目的是让离子泵更好地工作，需要时可先烘烤，关闭烘烤开关后再打开离子泵开关。一般不需要打开烘烤)。

第二章　植物纤维化学实验技术

实验一　植物纤维原料的生物结构及细胞形态的显微镜观察

一、实验目的

(1) 熟悉生物显微镜的使用。

(2) 观察各种原料的分离片，了解各种细胞的特征。

(3) 观察针叶木、阔叶木、禾本科植物等造纸原料的不同切面，了解各种原料的各种细胞在不同切面的形态，比较不同原料生物结构的特征。

二、仪器与样品

仪器：生物显微镜。

样品：针叶木、阔叶木、禾本科等原料不同切面切片；各种原料的纤维分离片。

三、显微镜的构造与使用

(一) 显微镜的构造

一般显微镜的结构见图 2-1。

1. 光源部分

光源部分包括光源、反光镜、聚光镜等。

(1) 光源：电灯光做光源。

(2) 反光镜：一面为平面镜，另一面为凹面镜，观察时可根据光源强弱、方向、放大倍数等进行转动调节，以获得明亮的视场。一般需低放大倍数时用平面反射镜，需高放大倍数时用凹面反射镜。

(3) 聚光镜：由聚光透镜与可变光栏组成。聚光透镜的作用是把反射镜反射来的光聚成一股亮度较高的光束，以提高视场的亮度，可变光栏则可调节视场亮度，以满足观察需要。

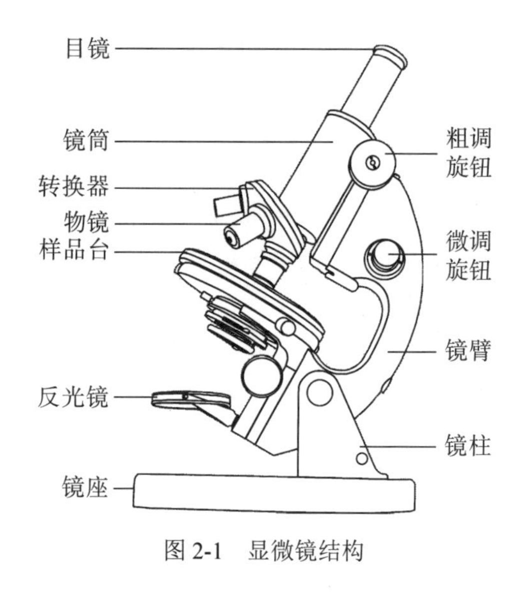

图 2-1　显微镜结构

2. 成像部分

成像部分包括样品台、物镜、物镜转换器、镜筒、目镜及其相应的支承调节机构。

(1)样品台：放置观察用载玻片的小平台，为便于观察，辅有前后左右移动载玻片的装置。

(2)物镜：面对被观察样品形成第一个像的光学装置，使用时安装在镜筒下端的物镜转换器上。物镜的外壳刻有放大倍数、数值孔径、镜筒的长度、盖玻片的厚度等数字。如外壳刻有“100×/1.25”“160/0.17”，说明这个物镜的放大倍数为 100 倍，数值孔径为 1.25，镜筒长度为 160mm，使用厚 0.17mm 的盖玻片。物镜通常有 10、40、60、100 倍等放大倍数。

(3)目镜：目镜把物镜所形成的像进一步放大，目镜的放大倍数直接刻在其塑料镜盖上，通常有 5、10、12.5 倍等放大倍数。生物显微镜的总放大倍数为物镜的放大倍数与目镜的放大倍数的乘积。

(4)微、粗调旋钮：为了得到清晰的物像，必须调节物镜与被观察载玻片之间的距离。调节时先将粗调旋钮调至看到图像，再用微调旋钮调至图像清晰为止。

(二)使用显微镜应注意的事项

(1)根据被观察样品的需要选择适当的放大倍数，一般原料的生物结构和细胞形态观察总放大倍数为 100 倍即可，细胞形态的测定则需要 400～600 倍。

(2)打开镜头盒、装镜头时防止镜头掉下损坏。

(3)为了保护物镜及载玻片，观察时，特别是使用高倍数观察时，应先把物镜调至离载玻片最近的位置(从侧面观察)，然后用粗、微调节旋钮逐渐往上调至清晰的图像出现。

(4)所有光学镜片，如有灰尘或其他脏物，要用擦镜纸，切不可用手、普通纸片和布擦，以免磨损镜头，影响观察效果。

(5)观察完毕，小心取下镜头，放回镜头盒并将显微镜复原，放回显微镜箱。

四、实验方法

1. 样品观察

1)切片样品的观察(以100倍的放大倍数观察)

(1)针叶木。

横切面：规则排列的管胞，年轮界线，木射线，树脂道。

径切面：春、秋材管胞，木射线，纹孔。

弦切面：春、秋材管胞，纺锤状排列的木射线，水平树脂道等。

(2)阔叶木。

横切面：无规则排列的木纤维，导管，年轮界线，木射线。

径切面：木纤维，木射线，导管。

弦切面：木纤维，纺锤状排列的木射线，导管等。

(3)禾本科。

横切面：表皮层，皮下纤维层，维管束，基本薄壁组织等。

2)原料分离片的观察

观察各种原料分离片中纤维的形态，导管薄壁细胞，禾本科的表皮细胞等。

2. 观察结果记录

(1)绘出所观察到的针叶木、阔叶木的各个切面，要绘出各个切面中各细胞形态的特征。

(2)绘出观察到的禾本科原料的横切面。

五、思考题

(1)通过显微镜观察切片样品后，你认为针叶木、阔叶木生物结构的主要区别是什么?

(2)用显微镜观察木材原料切片样品时，如何区别径切面和弦切面?

(3)在观察了木材原料和禾本科原料的切片样品后，你认为这两类原料的主要区别在哪里？

实验二　植物纤维原料的离析及纤维形态的测定

一、实验目的

(1)学习植物纤维原料的离析方法及临时观察片的制作。
(2)学习显微镜测微尺的使用和纤维形态的测定方法。

二、仪器与试剂

仪器：生物显微镜，目镜测微尺，物镜测微尺，投影仪，纤维测量仪，解剖针，14mm×150mm 试管，载玻片，盖玻片，500mL 抽滤瓶，G2 玻璃滤器，表面皿等。

试剂：1%番红染色液，50%HNO_3(市售浓硝酸冲稀一倍)，氯酸钾(分析纯)。

三、实验方法

1. 植物纤维原料的离析和观察片的制作

要进行纤维形态的观察和测定，首先必须将纤维原料试样分离成单根纤维。常用分离方法有硝酸-氯酸钾法、铬酸-硝酸法、过氧化氢-冰乙酸法等，这些方法的共同点都是利用一定的化学试剂在一定条件下处理原料试样，使其胞间层的木质素氧化，其他碳水化合物水解，变成可溶性物质而溶解，达到分离出纤维的目的。不同的方法，在处理温度和处理时间上各有不同，受实验时间限制，本实验采用硝酸-氯酸钾法。

将原料试样劈成火柴杆粗细，长度为 1～2cm，取样品数条(3～5 条)，置于试管里，加入约 5mL 硝酸溶液和少量氯酸钾，摇荡使氯酸钾溶解，将试管置于60～80℃的水浴中加热 30～40min，至样品表面度白，松散，以玻璃棒轻压即散开时，即为离析终点。离析结束，将试管取出，小心倒去离析液，加入蒸馏水洗涤数次，然后加入约半试管蒸馏水，以拇指盖住试管口，用力摇荡至样品分散成单根纤维，再将其转移至 G2 玻璃滤器中过滤并继续以蒸馏水洗涤至样品不呈酸性。将洗涤干净的纤维样品转移至表面皿上，加入番红染色液 3～5 滴，使纤维染色。

用解剖针挑取少量染好色的纤维于载玻片上，加 2～3 滴蒸馏水使纤维均匀分散在水中，用滤纸条小心吸去多余的水后，加入10%的甘油2滴，用镊子夹取干净的盖玻片盖上，即可供显微镜观察使用。盖盖玻片时，为防止两玻片中产生气泡，可将盖玻片一边先接触载玻片，使两玻片间形成一角度，慢慢地将另一边放下，再用镊子轻轻地将盖玻片压紧。

2. 目镜测微尺的校正

用显微镜进行纤维形态的测定时，必须备有目镜测微尺和物镜测微尺。测纤维长度时一般选用50～100倍的放大倍数，测宽度和细胞腔径时一般选用400～600倍的放大倍数。

物镜测微尺类似一载玻片，其中部有一长1mm并分成100格的标准刻度，每一格相当于0.01mm或10μm。

目镜测微尺为一块圆形玻璃，中部有一划分为50格的刻度，使用时置于目镜内。

测量前，要先用物镜测微尺对目镜测微尺进行校正，以求出目镜测微尺的每一小格等于多少毫米。方法是将接目透镜旋开，放入目镜测微尺，把物镜测微尺固定在载物台上，并调至物镜正下方，调正焦点，转动目镜，使两测微尺平行，移动载物台，使两个测微尺的开始刻度重合，再找出两测微尺的另一重合刻度，分别记下两测微尺在重叠区内的格数，就可求出目镜测微尺每一小格所代表的长度K(μm)：

$$K=\frac{\text{镜台测微尺格数}\times 10}{\text{目镜测微尺格数}}$$

例如，目镜测微尺50小格与镜台测微尺66小格重合，镜台测微尺每格宽10μm，则66小格的宽度为66×10=660μm，那么，相应的目镜测微尺上每小格的宽度为

$$K=\frac{66\times 10}{50}=13.2\mu m$$

由于K值与镜筒的长度和放大倍数有关，因此当这些条件有变化时，即更换了物镜或者是目镜，都应重新校正K值。K值测出后，取下物镜测微尺，放回装该尺的小盒中保存好。

3. 纤维细胞宽度和细胞壁厚的测定

将制作好的样片固定在载物台上，逐一测定每个纤维细胞的宽度格数D及其细胞腔直径所占目镜测微尺的格数d。纤维细胞宽度和胞腔直径的测定一般取纤维的中部。本实验各测20根纤维。如测得某个纤维细胞的宽度占目镜测微尺3格，腔径占目镜测微尺2格，则该纤维细胞的宽度、腔径、总壁厚分别为

$$\text{纤维细胞宽度 } D=3\times 13.2=39.6\mu m$$

$$\text{腔径 } d=2\times 13.2=26.4\mu m$$

总壁厚 $W=D-d=39.6-26.4=13.2\mu m$

4. 纤维细胞长度的测定

本实验采用 23J 台式投影仪测定纤维长度。所用量具为木制滚轮尺，当投影仪的放大倍数为 100 倍时，滚轮上的刻度每一小格的长度为 0.01mm；当放大倍数为 50 倍时，每一小格的长度为 0.02mm。测定纤维长度时，对针叶木纤维可选用 50 倍的放大倍数，对阔叶木和禾本科纤维可选用 100 倍的放大倍数，并选择与倍数相适应的聚光镜。

将测定过纤维细胞宽度和壁厚的样品玻片固定在工作台上，接通仪器电源，先开启内鼓风机，调节焦距和亮度，使投影屏幕上出现清晰图像，逐一测量每根纤维的长度。如样品为原料试样，视野中不论纤维长短，只要是完整的纤维都进行测量，有断口的纤维不用测量；若样品是浆样，则要测量视野中的所有纤维，测完一个视野中的纤维后才换视野，不允许选择性地只测长的或者只测短的纤维。测量时，将滚轮尺的 0 刻度对准纤维的一端，沿纤维滚动滚轮尺至纤维的另一端，记下其与滚轮尺重合的小格数，乘以 0.01 或 0.02 即为纤维的实际长度(mm)。一般测量纤维的长度须测量 200 根以上。本实验因时间所限，只测量 20 根纤维。

四、测定记录及结果处理

样品名称：＿＿＿＿＿＿＿＿ 测定日期：＿＿＿＿＿＿＿＿

1. 纤维细胞宽度、腔径、壁厚的测定

相关参数项目见表 2-1 所示。

放大倍数：＿＿＿＿。

表 2-1 纤维细胞宽度、腔径、壁厚的测定

纤维编号	宽度格数	腔径格数	宽度/μm	腔径/μm	壁厚/μm	壁径比	纤维编号	宽度格数	腔径格数	宽度/μm	腔径/μm	壁厚/μm	壁径比
1							11						
2							12						
3							13						
4							14						
5							15						
6							16						
7							17						
8							18						
9							19						
10							20						

宽度最大值：________；最小值：________；平均值：________；
腔径最大值：________；最小值：________；平均值：________；
壁厚最大值：________；最小值：________；平均值：________。

2. 纤维长度的测定

相关参数项目见表 2-2 所示。
放大倍数：________。

表 2-2 纤维长度的测定

纤维编号	测定长度 / mm	实际长度 / mm	纤维编号	测定长度 / mm	实际长度 / mm	纤维编号	测定长度 / mm	实际长度 / mm
1			8			15		
2			9			16		
3			10			17		
4			11			18		
5			12			19		
6			13			20		
7			14					

纤维长度最大值：________；最小值：________；平均值：________；长宽比：________。

五、实验注意事项

(1)用硝酸-氯酸钾离析原料样品时，硝酸不可倒得太多，以浸没样品为宜。因离析过程有氯气放出，故应在通风橱内进行；硝酸对纤维的降解作用较强烈，离析的终点应很好掌握。

(2)硝酸为强酸，故离析结束倾倒离析废液时，不要直接倒入水槽，以免腐蚀水槽，可倒入抽滤瓶中，利用洗涤水稀释。

(3)校正目镜测微尺时，物镜测微尺有刻度的一面朝上，校正完后，立即将物镜测微尺包好收入盒中，以免损坏。

六、思考题

(1)植物纤维原料用硝酸-氯酸钾法离析时，为保证分离纤维的完整，在操作中应注意些什么？

(2)制取纤维显微镜观察片时，为什么要加甘油？

实验三　纸浆纤维类别的鉴定

一、实验目的

学习用染色剂鉴别纤维种类的方法。

二、实验原理

木质素对某些盐类和碱性染料具有亲和力，半纤维素对碘具有亲和力，纤维素对直接染料具有亲和力(如不同的纸浆中所含的木质素、半纤维素和纤维素的量不同，会对某一染色剂显示出特定的颜色)，因此可以使用适当的染色剂使纤维着色，观察其被染成的颜色，达到鉴别其种类的目的。

三、仪器与试剂

仪器：生物显微镜，表面皿，解剖针，载玻片，盖玻片。

试剂：赫氏染色剂，格拉夫“C”染色剂。

四、实验方法

(1)将需鉴别的浆样制成极稀的悬浮液。

(2)用滴管取悬浮液滴 1～2 滴于载玻片上，用解剖针轻击使其均匀分散至盖玻片上。

(3)用滤纸吸干载玻片上水分，加 1～2 滴染色剂于分散开的纤维上进行染色，1～2min 后盖上盖玻片。

(4)在生物显微镜下观察纤维被染成的颜色(表 2-3、表 2-4)。

表 2-3　格拉夫“C”染色剂对纤维的显色反应

<table>
<tr><th colspan="3">浆的种类</th><th>显色</th></tr>
<tr><td rowspan="5">针叶木浆</td><td colspan="2">机械木浆</td><td>鲜明的橙黄色</td></tr>
<tr><td rowspan="4">亚硫酸盐浆</td><td>硬浆</td><td>鲜黄色</td></tr>
<tr><td>中硬浆</td><td>浅黄色</td></tr>
<tr><td>软浆</td><td>浅红灰色</td></tr>
<tr><td>漂白浆</td><td>浅紫灰至浅紫红色</td></tr>
</table>

续表

浆的种类			显色
针叶木浆	硫酸盐浆	硬浆	淡黄绿色
		中硬及软浆	深棕黄至灰褐色
		漂白浆	暗紫色至深紫色
阔叶木浆		亚硫酸盐未漂浆	浅黄绿色
		亚硫酸盐漂白浆	浅紫蓝色至浅紫灰色
		烧碱及硫酸盐未漂浆	蓝绿色至暗红灰色
		烧碱及硫酸盐漂浆	深蓝色至深紫色
破布浆			橙红色
稻麦草浆、竹浆、蔗渣浆硬浆			浅黄至浅黄绿色
稻麦草、竹、蔗渣未漂浆及漂白浆			—
黄麻未漂浆			鲜明的橙绿色
黄麻漂白浆			浅黄绿色

表 2-4 赫氏染色剂对纤维的显色反应

浆的种类	显色
棉浆、漂白麻浆	酒红色
化学木浆、化学草浆	蓝紫色
机械木浆	鲜黄色
半化学木浆、半化学草浆	黄绿色

纸浆纤维种类的鉴别，一般采取观察纤维形态与观察几种染色剂染色情况相结合的办法，以达到较准确地鉴别其种类的目的。

五、实验记录及结果

观测结果记录在表 2-5 中。

表 2-5 观测结果记录表

样品编号	赫氏染色法		格拉夫“C”染色法	
	观测结果	种类判定	观测结果	种类判定
1				
2				
3				
4				

实验四 植物纤维原料苯-乙醇抽出物含量的测定

一、实验目的

(1)学习索氏抽提器(脂肪抽提器)的使用方法。
(2)学习植物纤维原料有机溶剂抽出物含量的测定原理和方法。

二、实验原理

造纸原料中所含有的少量成分如树脂、脂肪、蜡、单宁、色素等含量的测定，一般都采用有机溶剂在一定温度下反复浸渍，使上述能溶于有机溶剂的物质溶解而抽提出来，然后蒸发掉溶剂，称量不挥发的残渣重量，即可得出该种有机溶剂抽出物的含量。

常用作造纸原料有机溶剂抽出物含量测定的有乙醚和苯-乙醇混合液。乙醚能溶解植物原料中的树脂、脂肪和蜡。苯-乙醇混合液除了能溶解乙醚所能溶解的物质外，还能溶解树胶、单宁、色素等。使用上述两种有机溶剂作抽提剂时所用的仪器相同，操作方法也相似。本实验采用苯-乙醇混合液(2∶1)作抽提剂，该抽提剂具有恒沸点(即其溶液与蒸气的组成相同，在抽提过程中溶液组成不会变化)，便于回收利用。

三、仪器与试剂

仪器：恒温水浴锅，恒温烘箱，分析天平，索氏抽提器，干燥器，扁形称量瓶等。

试剂：苯(分析纯)，95%乙醇(分析纯)；苯-乙醇混合溶液(67份苯与33份乙醇混匀)。

四、实验方法

为便于进行造纸原料木质素含量测定，本实验称取1g(称准至0.0001g)试样两份(同时另称取试样测定水分)，用预先经苯-乙醇溶液抽提过的滤纸和线包扎好。用铅笔小心地在试样包上写上编号和试样的重量，置于同一索氏抽提器中，加入不超过底瓶体积2/3的苯-乙醇混合液，装上冷凝器，将仪器放在恒温水浴中，加热至保持瓶中苯-乙醇混合液剧烈沸腾，保持每小时虹吸回流4～6次，抽提时间不少于6h。抽提完毕，提起冷凝器，用夹子小心地从抽提器中取出试样纸包，重新装上冷凝器，回收部分溶剂，直至瓶底仅剩少量混合液为止。回收的溶剂倒入备用的回收瓶中，试样留作测定木质素含量时用。

取下底瓶，将其中内容物移入已烘干至恒重的扁形称量瓶中，并用回收的苯-乙醇混合液漂洗底瓶 3～4 次，每次用量约 1mL，漂洗液也移入称量瓶中，将称量瓶置于水浴上，小心加热蒸去多余的溶剂。由于苯-乙醇混合液易挥发，且有毒性，故这一系列操作要在通风橱中进行。最后擦净称量瓶外部，将其置入烘箱，于(105±3)℃烘干至恒重，称其重量。

五、结果计算

$$\text{苯-乙醇抽出物质量分数} = \frac{m_1 - m_2}{m_0(1-w)} \times 100\%$$

式中：

m_2——扁形称物瓶质量，g；

m_1——扁形称瓶加抽出物质量，g；

m_0——风干试样质量，g；

w——试样水分质量分数，%。

计算结果精确至小数点后第二位。

六、注意事项

(1) 凡化学分析，均要求同时进行两次测定，称之为平行试验。平行试验的结果分别计算，视其是否符合试验的允许误差范围，若超出允许误差范围，试验应重做。本实验因条件所限，且均使用同一试样，故每组只做一次测定，以后各次试验均同此要求。

(2) 试样的包扎不可太紧，但也不能太松，以免试样漏出。试样包的长度要短于仪器溢流水平的高度。

(3) 抽提过程要防止溶剂过分沸腾及苯-乙醇蒸气从冷凝器上口跑出。

(4) 苯-乙醇混合液易燃，必须在水浴上将溶剂基本蒸发完后，方可将称量瓶移入烘箱。

(5) 索氏抽提器三部分为一套，不能与另一套混配，以免磨口不合造成漏气。另外，抽提器的溢流管易折断，注意保护；烧瓶夹夹持玻璃仪器时不可太紧，夹稳即可；成套仪器，损坏其中一件，全套皆成废品，要注意爱护。

七、思考题

(1)苯-乙醇混合液能抽提出植物原料中的哪些成分?
(2)用来包试样的滤纸和线为什么要事先用苯-乙醇溶液抽提?
(3)苯-乙醇混合液为什么选用 2∶1 的比例?

实验五 硝酸-乙醇纤维素含量的测定

一、实验目的

(1)掌握硝酸-乙醇纤维素含量测定的基本原理。
(2)熟悉硝酸-乙醇纤维素含量测定的基本操作过程。

二、测定原理

此法使用 20%浓硝酸和 80%乙醇溶液混合处理试样，试样中的木质素被硝化并有部分被氧化，生成的硝化木质素和氧化木质素溶于乙醇溶液。与此同时，也有大量的半纤维素被水解、氧化而溶出，所得残渣即为硝酸-乙醇纤维素。乙醇介质可以减少硝酸对纤维素的水解和氧化作用。

三、仪器与试剂

仪器：恒温水浴，恒温烘箱，分析天平，真空泵，常用玻璃仪器等。
试剂：浓硝酸(分析纯)，95%乙醇(分析纯)。
硝酸-乙醇混合液的配制：量取 800mL95%乙醇于 1000mL 烧杯中。分次缓缓加入 200mL 硝酸(密度 1.42g/mL)，每次加入少量(约 10mL)并用玻璃棒搅匀后方可续加。待全部硝酸加入乙醇后，再用玻璃棒充分搅匀，贮于棕色试剂瓶中备用(硝酸必须慢慢加入，否则可能发生爆炸)。
硝酸-乙醇混合液只宜用前临时配制，不能存放过久。

四、实验步骤

精确称取 1g(称准至 0.0001g)试样于 250mL 洁净干燥的锥形瓶中(同时另称取试样测定水分)，加入 25mL 硝酸-乙醇混合液，装上回流冷凝器，放在沸水浴上加热 1h。在加热过程中，应随时摇荡锥形瓶，以防止瓶内液体暴沸，若因瓶内液体暴沸导致试样溅入冷凝管内应弃去重做。

移去冷凝管，将锥形瓶自水浴上取下，静置片刻。待残渣沉积瓶底后，最后将锥形瓶内溶液全部滤入已经恒重过的 G2 玻璃滤器中，尽量不使试样流出。用真空泵将滤器中的滤液吸干，再用玻璃棒将流入滤器的残渣移入锥形瓶中。量取 25mL 硝酸-乙醇混合液，分数次将滤器及锥形瓶口附着的残渣移入瓶中。装上回流冷凝器，再在沸水浴上加热 1h。如此重复施行数次，直至纤维变白为止。一般阔叶木及稻草处理 3 次即可，松木及芦苇则需处理 5 次以上。

将锥形瓶内容物全部移入滤器，用 10mL 硝酸-乙醇混合液洗涤残渣，再用热水洗涤至洗涤液用甲基橙试之不呈酸性反应为止。最后用乙醇洗涤两次，吸干洗液，将滤器移入烘箱，于(105±2)℃烘干至恒重。

如为草类原料，则须测定其中所含灰分。为此，可将烘干恒重后有残渣的玻璃滤器置于一较大的瓷坩埚中，一并移入高温炉内，徐徐升温至(575±25)℃残渣全部灰化并达恒重为止。而且，空的过滤器应先放入一较大的瓷坩埚中，置入高温炉内于(575±25)℃灼烧至恒重，再置于(105±2)℃烘箱中烘至恒重。记录这两个恒重数值。

五、结果计算

(1)木材原料纤维素质量分数 x_1 的计算：

$$x_1 = \frac{m_1 - m_2}{m_0(1-w)} \times 100\%$$

式中：m_1——烘干后纤维素与玻璃滤器的质量，g；

m_2——空玻璃滤器质量，g；

m_0——风干试样质量，g；

w——试样水分质量分数，%。

(2)草类原料纤维素质量分数 x_2 的计算：

$$x_2 = \frac{(m_1 - m_2) - (m_3 - m_4)}{m_0(1-w)} \times 100\%$$

式中：m_1——烘干后纤维素与玻璃滤器的质量，g；

m_2——空玻璃滤器质量，g；

m_0——风干试样质量，g；

m_3——灼烧后玻璃滤器与灰分的质量，g；

m_4——空玻璃滤器灼烧后的质量，g；

w——试样水分质量分数，%。

六、注意事项

(1)配制硝酸-乙醇混合液时，应在通风橱内进行，必须分数次慢慢将硝酸加入乙醇中，否则容易发生爆炸。

(2)用倾泻法过滤沉淀时，应尽量不使残渣流入滤器中，这样不仅可以避免因硝酸-乙醇混合液量少，而不能将滤器及锥形瓶内附着的残渣移入瓶内，影响到测定结果，同时还可提高过滤速度。

七、思考题

(1)分离出来的硝酸-乙醇纤维素与植物原料中原本的纤维素有什么不同?

(2)硝酸-乙醇法测定纤维素过程中，硝酸和乙醇各起什么作用?

(3)根据实验原理和操作要求，你认为影响本实验结果的因素有哪些?

实验六　综纤维素含量测定

一、实验目的

(1)了解综纤维素的基本概念。

(2)掌握综纤维素含量测定的基本原理和方法。

二、测定原理

测定方法在 pH 为 4～5 时，用亚氯酸钠处理已抽出树脂的试样以除去所含木质素，定量地测定残留物量，以百分数表示，即为综纤维素含量。

酸性亚氯酸钠溶液加热时发生分解，生成二氧化氯、氯酸盐和氯化物等，其反应如下：

$$NaClO_2 \xrightarrow{H^+} HClO_2 + Na^+$$

$$HClO_2 \xrightarrow{H^+} ClO_2 + HClO_3 + HCl + H_2O$$

生成产物的分子比例取决于溶液的温度、pH、反应产物及其他盐类的浓度。在本测定方法规定的条件下，上述三种分解产物的分子比例约为 2∶1∶1。

亚氯酸钠法测定综纤维素含量是利用分解产物中的二氧化氯与木质素作用而将其脱除，然后测定其残留物量即得综纤维素含量。测定时需用酸性亚氯酸钠溶液重复处理试样，处理次数依原料种类不同而有所区别，处理次数的选择是要尽量多除去木质素，而且还要使纤维素和半纤维素少受破坏。通常木材试样处理 4 次，非木材试样处理 3 次。采用亚氯酸钠法分离的综纤维素中仍保留有少量木质素(一般为 2%～4%)。

三、仪器与试剂

仪器：恒温水浴，烘箱，真空泵，索氏抽提器(150mL 或 250mL)，综纤维素测定仪(其中包括一个 250mL 锥形瓶和一个 25mL 锥形瓶)，G2 玻璃滤器，抽滤瓶(1000mL)。

试剂：苯-乙醇混合液(将 2 体积苯和 1 体积 95%乙醇混合并摇匀)；亚氯酸钠(化学纯级以上)；冰乙酸(分析纯)。

四、测定步骤

1. 样品脱脂

精确称取 2g(称准至 0.0001g)试样，用定性滤纸包好并用棉线捆牢，按 GB/T 2677.6—1994 规定进行苯-乙醇抽提(同时另称取试样测定水分)，最后将试样包风干。

2. 综纤维素的测定

打开上述风干的试样包，将全部试样移入综纤维素测定仪的 250mL 锥形瓶中。加入 65mL 蒸馏水，0.5mL 冰乙酸，0.6g 亚氯酸钠(按 100%计)，摇匀，倒扣上 25mL 锥形瓶，置 75℃恒温水浴中加热 1h，加热过程中，应经常旋转并摇动锥形瓶。加热 1h 后不必冷却溶液，再加入 0.5mL 冰乙酸及 0.6g 亚氯酸钠，继续在 75℃水浴中加热 1h，如此重复数次(一般木材纤维原料重复 4 次，非木材纤维原料重复 3 次)，直至试样变白为止。

从水浴中取出锥形瓶放入冰水浴中冷却，用已恒重的 G2 玻璃滤器抽吸过滤(必须很好地控制真空度，不可过大)，用蒸馏水反复洗涤至滤液不呈酸性反应为止。最后用丙酮洗涤 3 次，吸干滤液取下滤器，并用蒸馏水将滤器外部洗净，置(105±2)℃烘箱中烘至恒重。

如为非木材原料，尚须按 GB/T 2677.3—1993 测定纤维素中的灰分含量。

五、结果计算

(1)木材原料中综纤维素质量分数 x_1 的计算：

$$x_1 = \frac{m_1}{m_0} \times 100\%$$

式中：x_1——木材原料中综纤维质量分数，%；

m_1——烘干后综纤维素质量，g；

m_0——绝干试样质量，g。

(2) 非木材原料中综纤维质量分数 x_2 的计算：

$$x_2 = \frac{m_1 - m_2}{m_0} \times 100\%$$

式中：m_1——烘干后综纤维素质量，g；

m_2——综纤维素中灰分质量，g；

m_0——绝干试样质量，g。

同时进行两次测定，取其算术平均值作为测定结果，精确至小数点后第二位。两次测定计算值之间的误差不应超过 0.4%。

六、注意事项

(1) 测定应在酸性条件下进行，因此，应务必注意冰乙酸加入量要足够(0.5mL)，否则会因亚氯酸钠分解反应不充分，使木质素不能有效除去，试样不变白，导致测定结果偏高。

(2) 亚氯酸钠应贮存在远离有机物的地方。

(3) 在水浴上反应时，要经常摇动锥形瓶，以使反应均匀。反应中，倒置的小锥形瓶内充满黄色反应气体，因此不要开启小锥形瓶。反应结束后也要待锥形瓶充分冷却、有毒气体散尽后，再将倒置的小锥形瓶取下，进行过滤。

(4) 过滤操作应注意过滤速度不能太快，玻璃滤器内的液体不要吸干，以免综纤维素堵塞玻璃滤器滤孔，影响过滤速度。

(5) 丙酮洗涤时，应控制丙酮用量，以节约药品。

(6) 非木材原料尚需测定综纤维素中的灰分，为此可将盛有综纤维素的玻璃器置于一大瓷坩埚中，移入高温炉中灼烧至恒重；也可将已恒重的综纤维素小心转移至坩埚中，按灰分测定的操作步骤进行。

七、思考题

同一试样中分离出的综纤维素与分离出的硝酸-乙醇纤维素的区别和联系是什么？

实验七 纸浆α-纤维素的测定

一、实验目的

(1)熟悉化学浆α-纤维素的概念。
(2)学习化学浆α-纤维素的测定方法。

二、实验原理

漂白化学浆经17.5%的氢氧化钠溶液在(20±0.5)℃下处理一定时间后不溶解的碳水化合物组分称为α-纤维素，是纸浆中的高分子量的组分。

本测定方法就是基于此α-纤维素的定义，采用17.5%的氢氧化钠溶液在(20±0.5)℃下处理试样45min，然后以9.5%的氢氧化钠溶液洗涤不溶的残渣，再用蒸馏水洗涤干净，烘干，称重，即可得出残余物(α-纤维素)的量，以其对绝干试样的百分率表示。

α-纤维素的量是某些工业用浆的重要指标。

三、仪器与试剂

仪器：恒温水浴锅，干燥箱，真空泵，抽滤瓶，烧杯，G2玻璃滤器等。

试剂：氢氧化钠[分析纯，配制(17.5±0.15)%和9.5%的溶液]；乙酸(分析纯，配制10%溶液)；甲基橙(分析纯，0.1%)。

四、实验方法

(1)精确称取2g(称准至0.0001g)试样于100mL烧杯中，加入30mL17.5%氢氧化钠溶液浸渍试样。碱液的加入方法为：先加入约15mL，用平头玻棒小心搅拌2～3min，使烧杯中混合物呈均匀的糊状。再将剩下的碱液加入，仔细均匀地搅拌1min，避免剧烈搅拌。将烧杯用表面皿盖上，置于(20±0.5)℃的恒温水浴中进行丝光化处理45min(从开始加入碱液时算起)。

(2)时间到后，加入30mL(20±0.5)℃的蒸馏水于烧杯中，小心搅拌1～2min，然后将烧杯中的料浆移入已恒重的G2玻璃滤器中，开动真空泵或者水流抽真空缓缓吸滤。为避免损失，宜重复过滤2～3次，直至纤维被完全捕集。

(3)在微弱的真空吸滤下，用75mL(20±0.5)℃的9.5%氢氧化钠溶液洗涤滤渣 3 次(每次用 25mL)，每次洗涤，应在前一次洗涤液将要滤尽时，即加入新的洗涤液(即不要将滤器中的洗涤抽吸干)，第三次时才将洗涤液滤尽。洗涤时间为 2～3min。以 400mL 18～20℃的蒸馏水分次洗涤残渣。

(4)在不用真空抽吸的情况下，加入 20mL10% 乙酸溶液(18～20℃)于滤器中浸泡滤渣 5min。真空抽滤尽酸液，继续用蒸馏水洗涤至不呈酸性(以甲基橙为指示剂)为止。取下滤器，冲洗并擦干滤器外部，置于烘箱中，于(105±0.3)℃下烘至恒重，即可得 α-纤维素的重量。

如为漂白草浆，则需测其灰分。为此，可将滤器放入一较大瓷坩埚中，移入高温炉中，缓缓升温至 500～550℃灼烧至无黑色碳素并恒重。空玻璃滤器也应在此温度下灼烧至恒重。

五、结果计算

(1)漂白木浆 α-纤维素质量分数 x_1 按下式计算：

$$x_1 = \frac{G_1 - G_2}{G} \times 100\%$$

式中：G_1——空玻璃滤器烘干至恒重的质量，g；

G_2——α-纤维素加玻璃滤器质量，g；

G——绝干试样质量，g。

(2)漂白草浆 α-纤维素质量分数 x_2 按下式计算：

$$x_2 = \frac{(G_1 - G_2) - (G_3 - G_4)}{G} \times 100\%$$

式中：G_1——空玻璃滤器烘干至恒重的质量，g；

G_2——α-纤维素加玻璃滤器质量，g；

G_3——灼烧后玻璃滤口头连同灰渣质量，g；

G_4——灼烧后空玻璃滤器质量，g；

G——绝干试样的质量，g。

计算结果精确至小数点后两位。

六、注意事项

(1)碱液浓度、处理时间及处理温度会影响α-纤维素的得率，应严格按照操作步骤执行。

(2)30mL17.5%的氢氧化钠溶液分两次加入，每次加入后均应小心仔细地搅拌均匀。

(3)过滤和洗涤的方式会影响实验结果，整个洗涤过程均要求微弱真空抽吸，以避免滤渣流失。

七、思考题

(1)α-纤维素的定义是什么？
(2)影响本实验结果的因素有哪些？

实验八　植物纤维原料戊糖含量的测定

一、实验目的

(1)了解实验室从植物原料中制取糠醛的蒸馏装置和方法。
(2)学习植物纤维原料中聚戊糖含量的测定方法。

二、实验原理

溴化法是一种间接测定植物纤维原料中聚戊糖含量的方法，将试样与12%HCl溶液共沸，使其中的聚戊糖水解成戊糖，戊糖进一步脱水生成糠醛而被蒸馏出来。用二溴化法或者四溴化法测定蒸馏出的糠醛量并换算成聚戊糖量。试样的聚戊糖含量以对绝干原料的百分含量表示。

12%HCl与试样共沸，其中的聚戊糖水解成戊糖并进一步脱水生成糠醛的反应为

$$\underset{\text{聚戊糖}}{C_5H_8O_4} + H_2O \xrightarrow{H^+} n\underset{\text{戊糖}}{C_5H_{10}O_5} \xrightarrow{\text{脱水}} \underset{\text{糠醛}}{C_5H_4O_2}$$

为使蒸馏过程中HCl浓度保持在一定范围内，故而在水解液中加入了一定量的NaCl。

溴化法测定糠醛的含量是以过量的 Br_2 与糠醛在一定的条件下反应，多余的 Br_2 加入KI使其与之反应析出 I_2，以 $Na_2S_2O_3$ 溶液滴定析出的 I_2，从而可得出 Br_2 的消耗量，而求出糠醛的含量。

溴代产生：

$$5KBr + KBrO + 6HCl \longrightarrow 3Br_2 + 6KCl + 3H_2O$$

多余的溴：

$$Br_2 + 2KI \longrightarrow I_2 + 2KBr$$

$$I_2 + 2Na_2S_2O_3 \longrightarrow 2NaI + Na_2S_4O_6$$

三、仪器与试剂

仪器：糠醛蒸馏装置(包括500mL圆底烧瓶，50mL滴液漏斗，长直形冷凝管，500mL量筒)，500mL容量瓶，500mL具塞磨口锥形瓶，25mL和100mL移液管，10mL量筒，50mL碱式滴定管等。

试剂：12%HCl溶液；溴酸钠(溴酸钾)-溴化钠(溴化钾)溶液；10%KI溶液，0.5%淀粉溶液，NaCl(分析纯)，0.1mol/L$Na_2S_2O_3$标准溶液，乙酸-苯胺溶液(取1mL新蒸馏苯胺溶液加入9mL冰乙酸混合均匀)，0.1%酚酞指示剂(溶解0.1g酚酞于100mL50%乙醇中)，1mol/LNaOH溶液。

四、操作方法

1. 蒸馏操作

精确称取一定量(多戊糖含量高于12%者称取0.5g；低于12%者称取1g)试样(称准至0.0001g)于洁净的纸上，再将其移入500mL圆底烧瓶中，加入10g NaCl，加入100mL12% HCl，装好糠醛蒸馏装置，滴液漏斗中装盛12% HCl，调节可调温电炉使烧瓶内容物沸腾，并控制蒸馏速度为每10min 30mL馏出液。此后每当馏出30mL馏出液，即从滴液漏斗中加入30mL12% HCl，蒸馏至300mL馏出液后，用乙酸-苯胺溶液检验糠醛是否蒸馏完全。从冷凝管出口取1mL馏出液于烧杯中，加1～2mL酚酞指示剂，用1mol/L NaOH溶液滴至微红色，然后加入1mL新配制的乙酸-苯胺溶液，静置1min后溶液若显红色，则说明糠醛尚未蒸馏完全，仍需继续蒸馏；若溶液不显红色，则表示糠醛蒸馏完全。

将馏出液移入500mL容量瓶中，以12%HCl多次洗涤量筒，洗涤液也倒入容量瓶中，最后以12%HCl加满至刻度，塞上瓶塞，摇匀备用。

2. 溴化和滴定

1)四溴化法

用移液管自容量瓶中吸取200mL馏出液于500mL具塞磨口锥形瓶中，用移液管吸取25mL溴化钠-溴酸钠溶液加入该锥形瓶中，迅速塞紧瓶塞，摇匀，在暗处避光静置1h并保持温度在20～25℃。

达到规定时间后，加入10mL10%KI溶液于锥形瓶中，迅速塞紧瓶塞摇匀，于暗处避光静置5min，然后用0.1mol/L $Na_2S_2O_3$标准溶液滴定溶液由红棕色变为浅黄色，即将达终点时，加入1mL左右的淀粉指示剂，继续滴定至蓝色刚好消失(30s内溶液不再返蓝为止)。

另吸取 200mL12%HCl，按同样方法进行空白实验(可不必静置 1h)。

2)二溴化法

用移液管吸取 200mL 馏出液于 500mL 具塞磨口锥形瓶中，加入 250g 用蒸馏水制成的碎冰，当锥形瓶中温度降至 0℃时，用移液管吸取 25mL 溴化钠-溴化钾溶液加入其中，迅速塞紧瓶塞，放置暗处避光静置 5min，保持温度为 0℃。后续操作要求与四溴化法相同。

五、结果计算

1. 四溴化法

$$\text{糠醛质量分数} = \frac{(v_1 - v_2)\times c\times 0.024\times 500}{200m}\times 100\%$$

木材原料聚戊糖质量分数=1.88×四溴化法测定的糠醛含量

非木材原料聚戊糖含量=1.38×四溴化法测定的糠醛含量

式中：v_1——空白试验耗用 $Na_2S_2O_3$ 标准溶液体积，mL；

v_2——滴定试样时耗用 $Na_2S_2O_3$ 标准溶液体积，mL；

c——$Na_2S_2O_3$ 标准溶液浓度，mol/L；

0.024——与 1mL 的 1mol/L $Na_2S_2O_3$ 溶液相当的糠醛的量，g；

m——绝干试样量，g；

1.38——糠醛换算成聚戊糖的理论换算因数；

1.88——根据木材原料聚戊糖只有 73%转换成糠醛的换算因数。

计算结果精确至小数点后两位。

2. 二溴化法

$$\text{糠醛含量} = \frac{(v_1 - v_2)\times c\times 0.048\times 500}{200m}\times 100\%$$

式中：v_1——空白试验耗用 $Na_2S_2O_3$ 标准溶液体积，mL；

v_2——滴定试样时耗用 $Na_2S_2O_3$ 标准溶液体积，mL；

c——$Na_2S_2O_3$ 标准溶液浓度，mol/L；

0.048——与 1mL 的 1mol/L $Na_2S_2O_3$ 溶液相当的糠醛的量，g；

m——绝干试样质量，g。

二溴化法中的聚戊糖含量按下式进行计算：

聚戊糖含量=1.38×二溴化法测定的糠醛含量

式中：1.38——糠醛换算成聚戊糖的理论换算因数。

六、注意事项

(1)蒸馏糠醛时，反应瓶中 HCl 的浓度、体积、补充方式，蒸馏的温度和速度等均会影响糠醛的得率，因此，应严格按照操作要求，每 10min 馏出液为 30mL，同时补充 30mL HCl 于反应瓶中，不允许长时间不补充或一次补充很多。

(2)因糠醛的蒸馏温度较高，以前多采用甘油浴加热，但甘油挥发污染空气，且易燃，因此现在改为空气浴加热。在安装蒸馏装置时，烧瓶底应距电炉约 10mm，不能直接放在电炉上。

(3)试样与 HCl 共沸，注意调节温度不要太高，以免沸腾太剧烈使试样上冲到瓶口，给操作带来困难。

(4)蒸馏过程中应不时轻摇烧瓶，使粘在瓶壁的试样冲刷到溶液中。

(5)蒸馏结束后，烧瓶中的废液不要直接倒入水槽，因废液是浓酸，具有强烈的腐蚀性，应倒入收集桶集中处理。

(6)溴化时不论采用何种溴化方法，溴化温度和时间均应严格控制。

七、思考题

(1)蒸馏糠醛时，为什么要加入 NaCl?

(2)本实验为什么采用空气浴而不用水浴?

(3)影响本实验结果的因素有哪些?

实验九　植物纤维原料中木质素含量的测定

一、实验目的

(1)了解聚糖的酸水解过程。

(2)学习从植物纤维原料中分离木质素的克拉松(Klason)方法的操作过程并测定木质素含量。

二、实验原理

木质素是植物纤维原料的主要成分之一。硫酸法，也即克拉松法测定植物纤维原料中的木质素含量，是利用 72%H_2SO_4 在一定温度下处理无抽提物试样一定时间，使其中的聚糖水解至糊精阶段，继而将 H_2SO_4 稀释至 3% H_2SO_4 并煮沸一定时间，使已水解呈糊精状的聚糖进一步水解成单糖而溶于溶液中，剩下不溶的残渣即为木质素，称为酸不溶木质素，也称克拉松木质素。将其过滤出来，经洗涤，烘干至恒重并称其重量，即可求出试样中木质素的含量。在酸处理过程中，也有少量木质素溶于酸中，这部分木质素称为酸溶木质素，其量要由另外的方法测定，克拉松木质素未包含这部分木质素的量。试样的总木质素量应为酸不溶木质素与酸溶木质素量之和。

三、仪器与试剂

仪器：恒温水浴，可调温电炉，干燥箱，真空泵，索氏抽提器，抽滤瓶，G4或G3玻璃滤器，15mL移液管，1000mL量筒，黑色比色瓷板等。

试剂：苯-乙醇混合液(67份苯与33份乙醇混匀)，(72±0.1%)H_2SO_4(20℃比重1.6338)溶液，10% $BaCl_2$溶液。

四、实验方法

称取1g(称准至0.0001g)试样，按测定苯-乙醇抽出物含量的方法抽提试样，抽提完毕，将试样包风干。本实验采用测定苯-乙醇抽出物后的试样。

将已风干的试样小心地提松后，解开纸包，用毛刷小心地将试样刷入100mL烧杯中，用移液管吸取预先冷却至12～15℃的72%H_2SO_4溶液15mL，加入其中，用玻璃棒小心搅动1min，使试样全部为酸所浸渍，又不粘在杯壁上。将烧杯置于18～20℃的恒温水浴中，在此温度下保温一定时间，木材原料保温2h，非木材原料因其聚糖含量高于木材原料，故反应时间要长于木材原料，要求保温2.5h。保温过程中每10min搅拌一次，以保证浓酸水解的均匀性。

达到规定时间后，将100mL烧杯中内容物移入1000mL烧杯中，用蒸馏水冲洗100mL烧杯，将所有残渣全部干净地冲洗入1000mL烧杯中，然后加水稀释至烧杯中酸浓度为3%，所加蒸馏水总量为560mL。将烧杯中的液位作一记号。保持此液位，至可调温电炉上煮沸4h。时间到后，停止加热，静置，使烧杯中不溶物沉淀，补充蒸馏水至所作记号的液位，用倾泻法以已恒重的G4(或G3)玻璃滤器过滤，用热蒸馏水洗涤滤渣至不含硫酸根(以$BaCl_2$试之)，将滤器置于(105±3)℃烘箱中烘干至恒重，称其重量。

如为非木材原料，则尚须测定分离出的木质素残渣灰分。为此，可将带有残渣的已烘干至恒重的玻璃滤器置于一已灼烧至恒重的瓷坩埚中，于高温炉中徐徐升温至(575±25)℃，灼烧至残渣无黑色碳素呈灰色并恒重，称其重量。

五、结果计算

1. 木材原料中木质素质量分数 x_1 的计算

$$x_1 = \frac{m_1}{m_0} \times 100\%$$

式中：m_1——烘干后酸不溶木质素残渣质量，g；

m_0——绝干试样质量，g。

2. 非木材原料中木质素质量分数 x_2 的计算

$$x_2 = \frac{m_1 - m_2}{m_0} \times 100\%$$

式中：m_1——烘干后酸不溶木质素残渣质量，g；

m_2——酸不溶木质素中灰分质量，g；

m_0——绝干试样质量，g。

计算结果精确至小数点后两位。

六、注意事项

(1)浓酸与试样的反应是放热反应，为避免局部温度过高造成聚糖物质的碳化，故浓酸要预先冷却到 12～15℃，且加入试样时要边加边搅拌，使试样迅速与酸液混合均匀，避免部分试样接触大量的浓酸。浓酸水解的时间和温度应严格控制。

(2)浓酸用水稀释时也是放热反应，浓酸水解结束后应迅速将其浓度稀释至3%，特别是开始稀释时动作要快，以防因放热反应温度过高而造成聚糖碳化。稀释完毕作一液位记号。

(3)稀酸加热快沸时，千万注意调节电炉的温度，防止沸腾太剧烈，表面汽沫溢出，而使实验前功尽弃。可以用少量蒸馏水喷淋以消泡。

(4)稀酸水解的全过程始终保持溶液沸腾，并随时补充蒸馏水以保持液位，保证水解时的酸浓度和水解完全。聚糖水解不完全会给过滤和洗涤造成困难，影响实验结果的准确性。

(5)水解结束后进行过滤和洗涤时，不要太早将残渣转移到滤器中，最好在烧杯中每次以少于滤器容量的蒸馏水洗涤残渣，静置，倾入滤器中，如此反复多次，待残酸差不多洗净才将残渣全部干净地转到滤器中，并继续用蒸馏水洗涤至无酸性(以 $BaCl_2$ 试之)。过滤和洗涤过程中抽滤时切不可将滤器中的水抽干，以防滤渣堵塞滤孔而造成过滤困难。待残酸洗涤干净后，才将滤器中的液体抽干。

(6)如需测定滤液中的酸溶木质素含量，所用抽滤瓶一定要先洗涤干净。

七、思考题

(1)本实验分离出来的木质素与原本木质素有什么不同？

(2)为什么浓酸水解的时间木材原料比非木材原料短？

(3)试从原料灰分的成分解释为什么植物原料有些成分含量的测定(硝酸-乙醇纤维素、木质素、α-纤维素等)对木材原料可不测定其灰分，而对非木材原料，则需测定其灰分？

实验十 植物纤维原料和纸浆中酸溶木质素的含量测定

一、实验目的

(1)了解紫外分光光度计的工作原理及操作要领。

(2)学习利用仪器测定酸溶木质素的原理及方法。

二、实验原理

在制备克拉松木质素时，与聚糖一起溶于酸中的那部分木质素称为酸溶木质素，存在于分离克拉松木质素后的溶液中。

因木质素在紫外光区有特征吸收峰，可用紫外分光光度计，采用 205nm 的波长，测量滤液对紫外光的吸收值，就可求取滤液中酸溶木质素的含量。

根据酸溶木质素的紫外吸收光谱可知，其在 205nm 和 280nm 处有吸收峰，但由于滤液中与酸溶木质素共存的被酸水解的碳水化合物及其降解产物在 280nm 处也有吸收峰，会影响酸溶木质素的测定。因此采用 205nm 的低波波长。

在制备克拉松木质素的稀酸水解阶段，采用敞开式煮沸补加蒸馏水的办法可以使水解产生的糠醛等易于挥发的物质挥发掉，以减少酸溶木质素测定时的影响。

三、仪器与试剂

仪器：紫外分光光度计，分析天平，恒温水浴，真空泵，抽滤瓶，移液管，容量瓶。

试剂：H_2SO_4(分析纯，制备成 72%的溶液)。

四、实验方法

1. 样品前处理

精确称取相当于绝干1g重的脱脂木粉(称准至0.0001g)放入100mL的具塞磨口锥形瓶内(同时称取试样测定水分)，缓慢加入预先冷却至 12～15℃的(72±0.1)% H_2SO_4溶液15mL，使样品全部被酸液所浸透，并盖好瓶塞。将锥形瓶置于18～20℃的水浴锅保温2h(非木材原料保温2.5h)，并不时摇荡锥形瓶，使瓶内反应均匀进行。

2. 试样溶液的制备

达到规定时间后，将上述锥形瓶内容物在蒸馏水的漂洗下全部移入 1000mL锥形瓶中，加入蒸馏水(包括漂洗用)至总体积为560mL。将此锥形瓶置于电热板上煮沸4h，其间应不断补充热水以保持总体积为560mL(对原料)或1540mL(对纸浆)。然后静置，使酸不溶木质素沉积下来。过滤后收集滤液作为试样溶液。

3. 吸光度测定

将试样溶液倒入比色皿(10mm光径石英比色皿)中，以3% H_2SO_4溶液为参比溶液，用紫外分光光度计于波长205nm下测定其吸光度。

如果试样溶液的吸光度大于0.7，则另取3% H_2SO_4溶液在容量瓶中稀释滤液进行测定，以便得到0.2～0.7的吸光度。

五、结果计算

滤液中酸溶木质素含量用质量浓度B(单位：g/L)表示时：

$$B=\frac{A}{110}\times D$$

式中：A——吸光度；

D——滤液的稀释倍数，为稀释后滤液的体积(mL)与原滤液的体积(mL)的比值；

110——吸收系数，L/(g·cm)；该系数由不同原料和纸浆的平均值求得。

原料和纸浆试样中酸溶木质素含量用质量分数X表示时：

$$X=\frac{B\times V\times 100}{1000m_0}\times 100\%$$

式中：B——滤液中酸溶木质素质量浓度，g/L；

V——滤液总体积，原料为560mL，纸浆为1540mL；

m_0——绝干试样质量，g。

六、注意事项

(1)当试样溶液的吸光度超出0.2～0.7时，应改变溶液的稀释比或者更换比色皿。

(2)为了确保仪器的测定准确度，必须经常校正仪器的波长精度。

实验十一　化学浆平均聚合度的测定（纸浆铜乙二胺溶液黏度的测定）

一、实验目的

(1)学习北欧型毛细管黏度计的使用。

(2)熟悉黏度的概念及纸浆黏度与聚合度的关系。

(3)学习利用测定化学浆铜乙二胺溶液黏度的方法并测定其聚合度。

二、实验原理

利用能较好保持纤维素聚合度的溶剂溶解纸浆，在规定的浓度下，于25℃测定该纸浆溶液通过毛细管黏度计的时间，根据这一测定值和溶液的已知浓度，用马丁公式计算出该溶液的特性黏度，从而计算出化学浆的聚合度。测定时要求$[\eta]\cdot c=3.0\pm0.5$，且测量是在$G=(200\pm30)$s的速度梯度下进行的。铜乙二胺溶液是纤维素的一种优良溶剂。

在这一实验中，采用了下述定义。

(1)黏度比η_r，即相对黏度，为规定浓度的聚合物溶液的黏度η和溶剂黏度η_0的比$\eta_r=\eta/\eta_0$，这种比值是无单位的。

(2)增比黏度，即黏度比减1，η_r-1。

(3)比浓黏度，增比浓度与聚合物浓度c的比值。

(4)特性黏度$[\eta]$，浓度无限稀释下的比浓黏度的极限值mL/g。

$$[\eta]=\lim_{c\to 0}\left(\frac{\eta-\eta_0}{\eta_0\cdot c}\right)$$

三、仪器与试剂

仪器：带水循环系统的恒温水浴（恒温精度±0.1℃），毛细管黏度计（校准用和测量用黏度计），秒表，30mL 溶解瓶，玻璃珠，铜丝段，烧杯，吸管，15mL 移液管。

试剂：65%甘油，铜乙二胺（CED）∶乙二胺=1∶2。

四、实验方法

1. 校准测量用黏度计

用 65%甘油溶液和稀铜乙二胺溶液（使用移液管取一定量铜乙二胺溶液加入等量蒸馏水），将恒温水浴温度调节至（25±0.1）℃，分别在校准用黏度计和测量用黏度计中测量同一甘油溶液的流出时间，再测定稀溶剂流出校准用黏度计的时间，用公式计算黏度计因子 f 和黏度计常数 h：

$$f=\frac{t_0}{t_v} \qquad h=\frac{f}{t_s}$$

式中：f——黏度计因子；

h——黏度计常数；

t_0——甘油从校准用黏度计中流出的时间，s；

t_s——稀溶剂（即稀铜乙二胺）从校准用黏度计中流出的时间，s；

t_v——甘油从测定用黏度计中流出的时间，s。

黏度计因子 f 是仪器常数，而黏度计常数 h 则取决于所用的溶剂，故每次使用新的铜乙二胺溶液时都应重新测定。

2. 试样的称取

根据浆的不同黏度，按表 2-6 中参数，称取一定量试样（称准至 0.0005g）于溶解瓶中。

表 2-6　根据直接特性黏度值选用纸浆浓度

特性黏度[η] /（mL/g）	纸浆浓度/（g/mL）	绝干样品量/（g/30mL）
＜400	0.005	0.15
400～650[a]	0.005	0.15
650～850	0.004	0.12
850～1100	0.003	0.09
1100～1400	0.0024	0.072

注：a.400～650，含 400，不含 650，以此类推。

3. 试样制备

吸取 15mL 蒸馏水加入溶解瓶中，并加入数根铜丝段，塞好瓶塞，不断摇荡至试样完全分散。吸取 15mLCED 溶液加入溶解瓶中，加入玻璃珠以排出瓶中空气，塞好瓶塞，不断摇荡至试样完全溶解。将溶解瓶浸入恒温水浴中至温度达到(25±0.1)℃。

4. 试样测定

将溶解好并恒温的试样注入黏度计中，让液体流出，当弯液面达到上部刻度时启动秒表，测定液体弯液面至下部刻度时的时间，精确至±0.2s。

五、结果计算

(1)相对黏度，也称黏度比 η_{r}，即溶液黏度与溶剂黏度的比值。

$$\eta_{\mathrm{r}}=\frac{\eta}{\eta_0}=h\times t$$

式中：η——溶液黏度，mPa·s；

η_0——溶剂黏度，mPa·s；

h——黏度计常数，s^{-1}；

t——试样溶液流出黏度计的时间，s。

(2)特性黏度值$[\eta]$，由黏度比值，查出 GB/T 1548—2016 附录 B.1 中的$[\eta]\cdot c$值，再由所称纸浆质量和溶解瓶容积可计算出纸浆浓度 c(g/mL)。

$$[\eta]=\frac{c\cdot[\eta]}{c}$$

GB/T 1548—2016 附录 B.1 中$[\eta]\cdot c$ 值是由马丁公式计算得出的。

(3)聚合度 DP。

$$\mathrm{DP}^{0.905}=0.75[\eta]$$

式中：DP ——聚合度，计算结果取整数。

六、注意事项

(1)纸浆浓度的选择，是按照使特性黏度值与浓度乘积相等于 3.0±0.5 的原则，如果实测求得的$[\eta]\cdot c$ 值不在此范围，需重新选择浓度。例如：纸浆浓度为 0.002000g/mL 时，求得 η_r=6.12，查表得$[\eta]\cdot c$=2.455<2.5，不合要求，需重新选择浓度。再按$[\eta]\cdot c$=3 求出，即 c=0.002443g/mL，再计算需绝干浆量 0.002443×30=0.0733g，然后根据浆样水分求出所需浆样量。

⑵试样的分散和溶解程度，温度直接影响测试结果。所以测试时，浆样一定要分散成单根纤维后才加入 CED，加入 CED 后一定要摇荡到浆样充分溶解才可进行测试，恒定水浴的温度也一定要调到(25±0.1)℃，并在整个测试过程保持此温度。

⑶溶解试样时，瓶中空气一定要排尽，因氧在 CED 溶液中对纤维素有降解作用。

⑷测试时，黏度计的下部要紧靠烧杯壁，让流出的溶液沿烧杯壁流下，以消除表面张力的影响。

⑸CED 溶液对皮肤和衣物有腐蚀作用，实验时需注意。

⑹实验结束后将溶解瓶中的铜丝段和玻璃珠倒入收集盘。

七、思考题

⑴测定化学浆的平均聚合度有什么意义?

⑵为什么溶解试样前要先排出溶解瓶中的空气?

⑶温度如何影响试样溶液黏度的测定?

第三章　林产化学品加工与分析实验技术

实验一　松香、松节油的国标测定

一、实验目的

(1)学习松香、松节油相关指标的国标测定原理。
(2)掌握松香、松节油相关指标的国标测定方法。
(3)掌握软化点测定仪、比色计、阿贝折射仪、旋光仪的原理和操作方法。

二、测定原理

各级松香的技术指标见表 3-1。

表 3-1　各级松香技术指标(GB/T 8145—2003)

<table>
<tr><th>指标名称</th><th>特级</th><th>一级</th><th>二级</th><th>三级</th><th>四级</th><th>五级</th></tr>
<tr><td>外观</td><td colspan="6">透明体</td></tr>
<tr><td rowspan="2">颜色</td><td>微黄</td><td>淡黄</td><td>黄色</td><td>深黄</td><td>黄棕</td><td>黄红</td></tr>
<tr><td colspan="6">符合松香色级玻璃标准色块的要求</td></tr>
<tr><td>软化点(环球法)/℃</td><td colspan="2">≥76</td><td colspan="2">≥75</td><td colspan="2">≥74</td></tr>
<tr><td>酸值[a]/(mgKOH/g)</td><td colspan="2">≥166</td><td colspan="2">≥165</td><td colspan="2">≥164</td></tr>
<tr><td>不皂化物质量分数[b]/%</td><td colspan="2">≤5</td><td colspan="2">≤5</td><td colspan="2">≤6</td></tr>
<tr><td>乙醇不溶物质量分数/%</td><td colspan="2">≤0.03</td><td colspan="2">≤0.03</td><td colspan="2">≤0.04</td></tr>
<tr><td>灰分/%</td><td colspan="2">≤0.02</td><td colspan="2">≤0.03</td><td colspan="2">≤0.04</td></tr>
</table>

注：a.南亚松松香由于含有部分二元树脂酸，其酸值较高。
　　b.湿地松松香由于有比较多的二萜中性物质，其不皂化物含量较高。

1. 松香软化点的测定

松香是多种树脂酸的熔合物，是过冷的晶体，无定形结构的固态物质，因此它与晶体结构的固体物质不同，没有一定的熔点，也没有固定的软化温度。它只是随着温度的上升逐渐变软，直至最后全部变成液态。软化点是反映松香质量的一项重要指标，因此，松香的生产和使用单位采用了各种不同的方法测定松香开始流动的温度(软化点)以检测其质量。我国采用环球法测定松香的软化点。

2. 松香酸值的测定

各种树脂酸和脂肪酸是以游离酸或化合酸(如酯)形式存在于松香中，酸值的测定主要是测定游离酸的含量。它易与碱发生中和反应。而以酯状存在的化合酸则要经水解后才起反应。因此，松香的酸值以中和 1g 松香中游离酸所耗用的 KOH 的毫克数来表示。松香酸值的高低可以反映出松香中树脂酸的含量。它与松香的纯度、软化点、含油量都有一定关系。一般纯度越高，含油量越少，软化点越高，酸值也越高。

3. 松香不皂化物的测定

松香中的不皂化物是一些中性物质，主要是不活泼的高分子碳氢化合物(烃类)，如倍半萜烯和二烯烃以及碱不溶树脂和植物甾醇等。不皂化物能溶于有机溶剂(如乙醇、乙醚等)中(石油醚除外)，但不溶于水。用氢氧化钾-乙醇溶液使松香皂化，生成松香皂。此松香皂能溶于水，而不皂化物与氢氧化钾不起作用，不溶于水，能溶于乙醚中，将皂化物水溶液与乙醚萃取液分离，再用水洗净萃取液(即不皂化物乙醚溶液)，蒸去乙醚，烘干称重，减去其中少量未皂化的树脂酸(因皂化反应不可能绝对完全)，即可测得不皂化物的含量。

4. 松香颜色的检定

松香的主要成分是树脂酸，在空气中容易氧化变黄，如果松脂含有杂质和水溶性物质(单宁、色素等)也会使加工后所得松香颜色加深，因此松香的颜色随着松脂品质及加工方法的不同而显现微黄、淡黄、黄色、深黄、黄棕、黄红等。松香颜色深浅是衡量松香质量等级的一个重要指标，颜色越浅、质量越好。

由于松香的综合颜色是由黄色变到红色，所以用罗维邦比色计测定时，常采用红、黄范围内多种滤光片，当白色光源同时通过松香样块和以一定配比的红、黄滤光片后，如果两者在相邻的视场中颜色一致，则滤光片的数值就表示松香样块的颜色等级。

5. 松节油的初馏点和 170℃前馏出物

松节油的组分复杂，因树种、原料品质、采割及加工方法不同而各异。松节油中绝大部分是萜烯的混合物，此外还含有少量高沸点的倍半萜。松节油质量的优劣主要是根据初馏点和 170℃前馏出液体积、折光率、酸值等指标进行评价，见表 3-2。

表 3-2　脂松节油质量技术指标要求（GB/T 12901—2006）

指标名称	优级	一级
外观	透明、无水、无杂质和悬浮物	
颜色[a]	无色	
相对密度 d_4^{20}	＜0.870	＜0.880
折光率 n_D^{20}	1.4650～1.4740	1.4670～1.4780
蒎烯含量[b]/%	≥85	≥80
初馏点/℃	＞150	＞150
馏程[c]/%	≥90	≥85
酸值/（mgKOH/g）	≤0.5	≤1.0

注：a.必要时可通过铂-钴颜色号来判定松节油的颜色，优级应在 0～35（含 35），一级松节油色号在 35～70（不含 35，含 70）。

b.蒎烯包括 α-蒎烯和 β-蒎烯含量总和。

c.至 170℃时馏出脂松节油的体积分数的数值，以%表示。

6. 松节油折光指数测定

松节油是一种多组分的液体混合物，衡量其质量的一个重要指标之一就是折光指数。松节油有其特征的折光指数值，一般由折光指数的大小便可大致判断松节油质量的优劣以及蒎烯含量的高低。

7. 松节油旋光度测定

松节油是精油的一种，它是多种萜烯的混合物，由于松节油的组成中有些成分在结构中具有不对称的碳原子，如 α-蒎烯等，所以具有旋光性。旋光性可以是左旋也可以是右旋，有的物质既具有左旋性又具有右旋性(如 α-蒎烯)。根据其旋光度的测定，可判断松节油的组成成分及来源，如我国两广地区所产的马尾松松节油中的 α-蒎烯多为左旋。

三、测定方法

1. 松香软化点的测定(环球法)

1) 仪器与试剂

仪器：软化点测定器(图 3-1)，电热板或电炉，电熨斗，蒸发皿或坩埚，研钵。

试剂：商品松香。

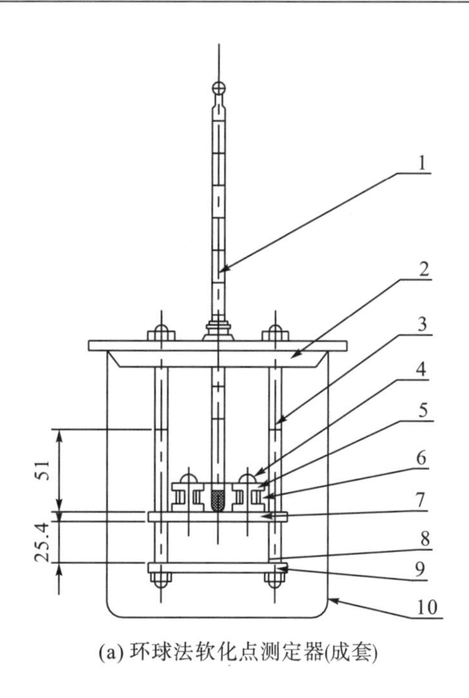

(a) 环球法软化点测定器(成套)

1-温度计；2-上承板；3-枢轴；4-钢球；5-环套；6-环；7-中承板；8-支承座；9-下承板；10-烧杯

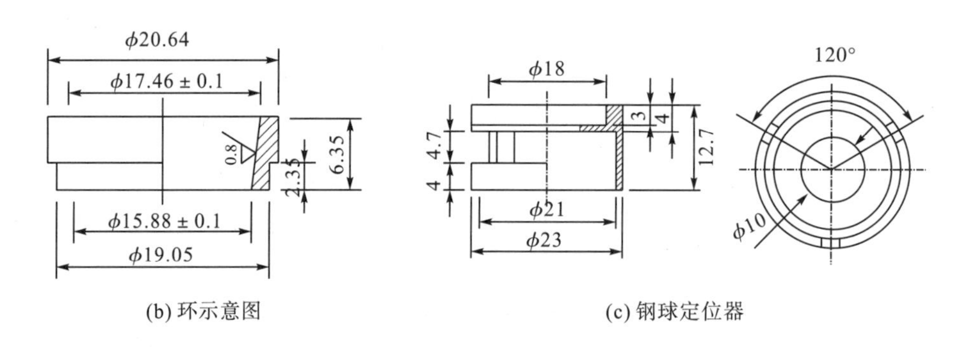

(b) 环示意图

(c) 钢球定位器

图 3-1 软化点测定器结构构造图

2) 操作方法

取粉碎至直径近 5mm 的松香约 5g 于器皿中，慢慢加热使其在尽可能低的温度下熔融，避免产生气泡和发烟。将熔融的松香立即注入平放在铜板上预热的圆环中，待松香完全凝固，轻轻移去铜片。环内应充满松香，表面稍有凸起，用电熨斗熨平后，备作检验。如环内松香有凹下或气泡等情况，应重新制作。

将准备好的试样圆环放在环架板上，再把钢球放入钢球定位器中心。另从环架顶盖插入温度计，使水银球底部与圆环底面在同一平面上，然后将整个环架放入 800mL 烧杯内。接着，倾入新煮沸再冷却至 35℃以下的水于烧杯中，使环架板的上面至水面保持 51mm 的距离。放置 10min 后，用可调节的电炉或其他热源加热，使水温每分钟升高(5±0.5)℃，并不断地充分搅拌，使温度均匀上升，直到测定完毕。当包着钢球的松香落至平板时，读取的温度数即为松香的软化点。

如试样软化点高于80℃时，容器内传热液应改用甘油。一次熔样的两次平行试验允许相差0.4℃，以算术平均值为结果，结果精确至小数点后一位。

2. 松香酸值的测定

1)仪器与试剂

(1)仪器。

250mL 锥形瓶，50mL 碱式滴定管。

(2)试剂。

①中性乙醇：在95%分析纯乙醇(符合GB/T 679—2002)中加入酚酞指示剂(每100mL 加2滴)，用氢氧化钾溶液滴定至微红色30s不褪为止。

②酚酞指示剂：将1g酚酞溶于100mL中性乙醇中。

③0.5 mol/L KOH标准溶液：每配1000mL标准溶液，取33g分析纯氢氧化钾(符合GB/T 2306—2008)溶于少量不含二氧化碳的蒸馏水中，再加入此蒸馏水稀释至1000mL，摇匀。另外准确称取四份已在105～110℃条件下烘干的分析纯邻苯二甲酸氢钾(符合GB/T 1257—2007)，每份重2～3g，分别置于250mL锥形瓶中，各加蒸馏水100mL和酚酞指示剂7～10滴。用上述配制的氢氧化钾溶液滴定至微红色30s不褪为止。按下式计算氢氧化钾溶液的浓度C，精确至±0.001mol/L。

$$C_{KOH}=\frac{m}{0.2042V}$$

式中：m——邻苯二甲酸氢钾的质量，g；

V——标定时消耗氢氧化钾溶液的体积，mL。

两次标定结果的误差应不大于0.2%，否则再行标定。

2)测定方法

称取除去外表部分并经粉碎的松香试样约2g(称准至0.001g)于250mL洁净干燥的锥形瓶中，加50mL中性乙醇溶解，必要时在电热板或水浴上加热，使试样全部溶解后放冷。再加酚酞指示剂5滴(0.5mL)，然后用0.5mol/L氢氧化钾标准溶液滴定至微红色30 s不褪为止。

3)计算

$$松香酸值=\frac{V\times C\times 56.11}{W}\ (mgKOH/g)$$

式中：V——消耗氢氧化钾标准溶液的体积数，mL；

C——氢氧化钾标准溶液的浓度；mol/L；

W——试样重，g；

56.11——氢氧化钾的毫摩尔值。

两次平行实验允许相差0.5。以算术平均值为结果，结果精确至小数点后一位。

3. 松香不皂化物的测定

1）仪器与试剂

（1）仪器。

分析天平，恒温水浴，分液漏斗等。

（2）试剂。

①10%氢氧化钾乙醇溶液：将分析纯氢氧化钾（GB/T 2306—2008）100g 溶于150mL 蒸馏水中，再加 90%分析纯乙醇（符合 GB/T 679—2002）至 1000mL。

②分析纯乙醚（符合 GB/T 12591—2002）。

③中性异丙醇：在异丙醇（符合 GB/T 7814—2008）中，加入几滴酚酞指示剂，用 0.05mol/L 氢氧化钾溶液滴至微红 30s 不褪为止。

④0.05mol/L 氢氧化钾标准溶液：以分析纯氢氧化钾（符合 GB/T 2306—2008）配制。以邻苯二甲酸氢钾（符合 GB/T 1257—2007）为基准物，参照化学试剂标准溶液制备方法（符合 GB/T 601—2016）中 0.5mol/L 氢氧化钠标准溶液标定方法进行标定，精确至 0.001mol/L 或以 0.5mol/L 氢氧化钾标准溶液稀释配制。

⑤酚酞指示剂（1%中性乙醇溶液）：称取 1g 酚酞，溶于 100mL 中性乙醇中，摇匀。

⑥中性乙醇：在 95%分析纯乙醇（符合 GB/T 679—2002）中加入几滴酚酞指示剂，用 0.05mol/L 氢氧化钾溶液滴定至微红色 30 s 不褪为止。

2）测定方法

称取试样（5±0.05）g（称准至 0.001g）于 250mL 锥形瓶中，加入 10%氢氧化钾-乙醇溶液 50mL，连接回流冷凝器，置沸水浴上回流 1.5h，并时常摇动。移去冷凝器，将皂液冷却至室温。加入 50mL 蒸馏水于锥形瓶内，并移入 500mL 分液漏斗中。用 40mL 乙醚冲洗锥形瓶，然后转入分液漏斗，静置使其分为两层，将下层含水皂液放至另一 500mL 分液漏斗中，上层乙醚溶液留在原分液漏斗内。

将 30mL 乙醚加入含水皂液漏斗中，进行第二次萃取，静置分层后放皂液至原皂化用的锥形瓶中，将乙醚液并入第一个分液漏斗中。把锥形瓶中皂液倒至第二个分液漏斗中，再加 30mL 乙醚，进行第三次萃取处理，静置分层后放出皂液，弃之。

将第三次乙醚液也集中在第一个分液漏斗中，弃去残存皂液，加 2mL 蒸馏水，慢慢摇荡，待水下沉后，将水放出弃去。再加 5mL 蒸馏水洗乙醚液，将水弃去。再用 30mL 蒸馏水洗涤，弃水，并重复一次。放出乙醚溶液至已经恒重的 150mL 低型烧杯中，加 15mL 乙醚液冲洗漏斗，再加至烧杯中，在水浴上蒸去乙醚。若有小水滴，则加 1mL 无水乙醇至烧杯中，再在水浴上蒸干。将盛有剩余物的烧杯放在 110～115℃烘箱中，烘 1h，在干燥器中冷却 0.5h，称重。

用 15mL 中性异丙醇溶解烧杯中的剩余物，加入酚酞指示剂 2～3 滴，以 0.05mol/L 氢氧化钾标准溶液滴定至微红色 30s 不褪为止。

3）结果计算

$$不皂化物质量分数 = \frac{(W_1 - W_2) - V \times C \times 0.302}{W} \times 100\%$$

式中：W_1——烧杯质量，g；

W_2——烧杯剩余物质量，g；

W——试样质量，g；

V——滴定时消耗氢氧化钾标准溶液体积，mL；

C——氢氧化钾标准溶液的浓度，mol/L；

0.302——氢氧化钾溶液相当于树脂酸重，g。

试样的两次平行实验允许相差 0.2%，以算术平均值为结果，精确至小数点后一位。

4. 松香颜色的检定

1）仪器与试剂

仪器：罗维邦比色计，电炉，电熨斗；松香模：它是制取松香样块的模型，是一个能开合的内壁各边长为 22.5mm 的正方体，可用铝或钢铸造，也可用厚度为 1.5 mm 的铝片制成。

试剂：商品松香。

2）测定方法

（1）松香样块的制备：在松香模内壁衬上同样尺寸的纸套，将蒸馏放出的热松香盛于铝制小勺中，冷却至 100℃左右，倒入模中。为避免松香冷却后表面收缩而凹陷，松香可分几次倒入，并使松香面高出模 3mm 左右，待冷却后，打开模具取出松香样块。如果试样为小碎块松香，则需先在研钵中研碎，盛于带柄坩埚加热熔化，熔化过程温度不宜太高，应尽量避免冒烟，然后倒模。若试样为块状松香，可用清洁的刀具削成略大于 22mm×22mm×22mm 的立方体。上述样块均为初制样，还不能用来比色，还须经过电熨斗（或平滑清洁的低温铝板）快速地熨成符合要求的尺寸，尤其用来透光的一对工作面更应光滑且透光度高，并且平行，其厚度应为 22mm。熨样时用棉花把熨化的松香从熨斗面上迅速擦净，熨样的温度不可过高或过低，适宜的温度为 120～130℃，温度过高容易使松香氧化，冒烟，导致颜色变深变焦；温度过低时松香难以熔化，熨出的样品工作面难以平滑、光亮。熨好的样块表面不能用手抚摸，或与桌面的脏物接触，以免影响测定结果，应将样块放在有盖的盒子里保存，避免日光强烈照射。气温低时还要用棉花包起来保温，以免开裂。

(2)比色：按仪器的使用步骤进行。由于松香的变色范围是从黄到红，所以应用罗维邦比色计评定松香颜色时，配色的玻璃选用红、黄两种。在整个验证过程中黄色号只能按各级松香标准的色号值调动，红色号可按配色的实际需要调动，因此称之为“定黄调红”。当观察到比色视野中颜色完全一致后，即可读取色值。

3)测定结果

测定结果按表 3-3 的格式记录。

表 3-3　实验记录表

样品名称	颜色指数		级别
	黄	红	

表 3-4　松香颜色等级

指标名称			特级	一级	二级	三级	四级	五级
颜色	色泽		微黄	淡黄	黄色	深黄	黄棕	黄色
	不深于罗维邦号	黄	12	20	30	40	50	60
		红	1.4	2.1	2.5	3.4	4.5	5.5

目前我国(GB/T 8145—2003)对松香颜色的等级(表 3-4)划分主要以松香颜色标准色块比对来进行。

5. 松节油初馏点及 170℃前馏出物测定

1)仪器与试剂

仪器：蒸馏装置，100mL 量筒，0～200℃温度计(分度值为 0.1℃)。

试剂：松节油(分析纯)。

2)测定方法

安装好蒸馏装置，用量筒取松节油试样 100mL，注入蒸馏烧瓶中，放入 2～3 粒沸石，并将温度计插入蒸馏烧瓶中，使温度计的水银球上顶与分馏头支管口下缘内壁最高点在同一水平面上。蒸馏烧瓶依次与分馏头、冷凝管、接收管相连，将量过试样的量筒置于接收管末端作馏出物接收器。仪器安装好后开始加热，从加热到第一滴馏出液馏出的时间控制在 7～10min，当第一滴馏出液从接收管口滴下时，这时的温度用相应的校正数校正后，即为初馏点。然后调节热源，使蒸馏速度维持在每分钟蒸出 4～5mL(约每秒 2 滴)。当松节油蒸馏温度达到校正后与 170℃(在 760mmHg 下)相当的沸程温度时，速将量筒或烧瓶与接收管分开，停止蒸馏。冷凝管内的馏出液流完后读取的馏出液毫升数，即为 170℃以前馏出液的体积百分数(馏出液温度需冷却至与蒸馏前试样温度的差不大于3℃)。

两次平行试验允许相差：初馏点 1℃，馏出液体积 0.5mL；以算术平均值为结果，精确至小数点后一位。

3)注意事项

蒸馏装置应事先洗净，干燥后方可使用。

6. 松节油折光指数测定

1)仪器与试剂

仪器：阿贝折射仪，恒温水浴。

试剂：松节油，乙醚(分析纯)。

2)测定方法

(1)使用阿贝折射仪时，应先使折射仪与恒温水浴相接，恒温后先把直角棱镜打开，用丝绢或擦镜软纸蘸少量乙醚擦净镜面，加入一滴蒸馏水于下面棱镜面上；关闭棱镜转动反射镜使光线射入棱镜，调节望远镜的目镜使其聚集于“十”字上，转动棱镜直到望远镜内有界线或现彩色光带，若出现彩色光带，则可转动消色散镜调节器，使观察到一黑白明晰的界线；再次，测得纯水的平均折光指数，与纯水的标准值比较可求得折射仪的校正值。校正值一般很小，若数值太大时，整个仪器必须重新校正，然后以同样方法测定松节油试样的折光指数，以三次调节后读数的算术平均值为结果。

(2)折光指数的校正。测定的温度以 20℃为标准，如果测定折光指数的温度不是 20℃，可按下式换算至 20℃时的折光指数(n_{D}^{20})

$$n_D^{20} = n_D^t + 0.00045(t - 20)$$

式中：n_{D}^{20}——测定并校正后的折光指数；

n_{D}^{t}——实际测定时(温度为 t 时)的折光指数；

t——测定时的温度；

0.00045——每差 1℃时，松节油折光指数的校正值。

3)测定结果

三次读数间差数不得大于 0.0003，以算术平均值为结果。

4)注意事项

(1)含有水分的油，测出的折光指数结果是不准确的，应先用无水硫酸钠干燥并过滤后方可测定。

(2)折光仪的棱镜必须注意保护，绝对防止碰到玻管尖端或其他硬物，以免损坏镜面，擦洗时也要尽量轻。

(3)测定完毕后，应尽快将液体揩去，然后用乙醚或丙酮揩拭数次，直至洗净为止。

(4)折射仪的校正值过大时，应用已知折光指数的特制标准玻璃片重新校正。

7. 松节油旋光度测定

1)仪器与试剂

自动指示旋光仪；松节油、无水硫酸钠(分析纯)、蒸馏水。

2)测定步骤

松节油试样应无其他物质在内，油中若含少量水分就会呈浑浊，测定前应用无水硫酸钠干燥并过滤。

测量前，必须先用蒸馏水进行零点校正，然后将松节油试样装入旋光管中使液面刚突出管口，取玻璃盖沿管口壁轻轻平推，盖好不能带入气泡，然后旋上螺丝帽盖，不致漏油，也不要太紧。将旋光管安放在仪器的起偏镜和检偏镜之前的长槽中，缓缓旋转检偏镜，从镜中看到两个半景面光亮相同为止。在正常的装置上，每一次略向左旋或略向右旋的旋动都会立即引起两个半景面上光亮强度的明显变化。

先测定旋转的方向。如果检偏镜是以 0 位按逆时针方向旋转后所得结果读数，旋光是左旋(−)；如是顺时针方向，则是右旋(+)。

旋转方向决定以后，再仔细地调整检偏镜，使两个半景面上光亮相同。调整接目镜，使两个半景面之间有一条清晰的线。在两个固定标尺中的一个上面直接读取度数，利用可以移动的放大镜，可以使读取的结果更为准确。重复测读一次，两次所测结果相差不得大于±5。

松节油为液体，所得结果可不必再行计算，以长 100mm 的旋光管所测的旋光度为标准。如必须改用较长或较短的旋光管，在报告中旋光度应换算成 100mm 管长的旋光度值。如用 50mm 或 25mm 旋光管时，所测旋光度乘以 2 或 4；用 200mm 旋光管时，则测得值应乘以 1/2。

如果是试样颜色过深或是固体试样(如松香)，应先用没有光学活性的溶液(一般为乙醇)配成一定浓度(2%)的溶液，然后再进行测试，并用比旋光度表示。仪器零点校正应用所用溶液代替蒸馏水。

3)结果计算

对于液体试样如松节油，测定结果可直接读取，两次结果相差不大于±5，取算术平均值，精确至小数点后一位。

对于颜色较深或固体试样，比旋光度用下式计算：

$$[\alpha]_D^t = \frac{100\alpha}{L \times C}$$

式中：$[\alpha]_D^t$——在温度为 t℃时的旋光度(D 表示钠光源)；

α——在温度为 t℃时，测得的溶液旋光度；

L——旋光管长度，dm；

C——溶液的浓度，g/100mL。

实验二　松节油中 α-蒎烯的分离纯化

一、实验目的

(1) 掌握精馏的基本原理。
(2) 了解精馏与普通蒸馏方法的共性和区别。

二、实验原理

对于沸点相近的多组分液体混合物，采用普通蒸馏方法很难使各个组分分离，若采用精馏的方法则可以达到分离提纯某一组分的目的。

精馏是利用混合液中各组分的沸点不同、蒸气压不同以及混合液加热时液面的气相组成不同于液相组成等特点，对混合液加热，使之汽化，冷凝；冷凝液经再次加热，汽化和冷凝，如此反复进行多次，便能使混合液中的各成分分离开来，并达到很高的纯度。

精馏是一重要的化工单元操作，不同于简单的蒸馏过程，而是多次简单蒸馏作用的叠合。整个精馏过程是在具有一定塔板数的精馏塔中完成的，塔板上液相和气相充分接触混合，进行传热传质。塔板中气相液相双向传质，上升蒸气部分冷凝，下降回流液部分汽化，逐级使轻、重组分进一步分离，每一块塔板的作用相当于一次简单的蒸馏。对于不同的液体混合物，其组成性质不同，需要不同的塔板数才能完成组分的分离纯化过程。

松节油是各种萜烯化合物的混合物，是一种具有相近沸点的多组分液体物质。松节油中的主要成分是蒎烯，其他还有香叶烯、双戊烯及少量的长叶烯，其中除长叶烯外的组分沸点很接近，尤其是主要成分蒎烯中的α-蒎烯与β-蒎烯的沸点相差更小，采用一般的分离方法很难使各组分分离。因此，实际生产中是采用真空精馏的方法来实现分离提纯的目的。

三、仪器与试剂

仪器：精馏实验装置一套[包括：精馏柱(内装填料)]，电热套，温度计，压力表(或U形水银压力表)，真空泵等。

试剂：松节油，无水乙醇(分析纯)。

四、实验内容

事先用无水乙醇洗净精馏装置，待用。将全套精馏装置安装好，认真检查加热、保温及冷却水系统，检查真空系统运行情况并进行气密性检查。检查完成后，在蒸馏烧瓶中装入约为烧瓶2/3体积量的松节油试样(此前应先测定精馏柱的静附液量并做记录)。开启加热电源逐步升温，打开真空泵和冷却水，调节毛细管的进气量使瓶内试液产生一定的沸腾中心，并控制好稳定的真空度，随时注意调节加热、升温的快慢。

当烧瓶内试样沸腾时，大量蒸气进入精馏柱内，部分冷凝成液体，此时注意观察柱内的混合情况，液体把填料表面润湿，使柱间全部填料的表面积都成为有效的传质表面。预溢沸进行两次，然后降低加热量，减少蒸馏烧瓶中试样的汽化速度，使柱内看不到明显的液体存在，而试样蒸气又能顺利地穿过柱内填料并达到柱顶进入冷凝器。

关闭馏分收集旋塞，使冷凝器中的冷凝液全部回流入精馏柱，进行全回流。注意观察液体回流的速度，使加热温度控制在最大回流速度而又不致产生液体。全回流时间1～2h，同时注意柱顶气相温度。

全回流一段时间后，慢慢打开馏分收集旋塞，开始收集α-蒎烯馏分，控制适当大小的回流比(回流比可通过观察每分钟收集的液滴数和回流入柱的液滴数计算求得)，边回流边收集馏分，直至精馏结束。根据精馏柱静附液量，估计蒸馏烧瓶残液量，确定精馏结束时间。停止精馏操作时先断开加热电源，然后将真空泵放空旋塞慢慢打开，待真空度为零(完全放空)后，再松开毛细管夹，最后关闭真空泵。称量馏分量及釜残液量。

另换一只蒸馏烧瓶，内装250mL无水乙醇，加入沸石，重新将仪器装好，加热进行全回流，以此洗涤精馏柱、分馏头和冷凝器等(加热回流时不必开真空泵)。洗涤两次后取下蒸馏烧瓶，让精馏柱内的填料自然干燥。

注:应用气相色谱测定松节油试样中的α-蒎烯含量及馏出液中的α-蒎烯含量。

五、结果计算

测定结果按表3-5的格式记录。

表3-5 实验记录表

真空压力		塔釜温度/℃	塔顶温度/℃	回流比	试样量/g	馏分量/g	馏分中α-蒎烯含量/%	精馏柱静附液量/g	釜残液量/g
mmHg	MPa								

计算：

$$精馏馏出率=\frac{G}{m}\times100\%$$

$$\alpha\text{-蒎烯提取率}=\frac{G\times Y_2}{m\times Y_1}\times100\%$$

式中：m——试样量，g；

G——馏出液量，g；

Y_1——试样中 α-蒎烯质量分数，%；

Y_2——馏出液中 α-蒎烯质量分数，%。

实验三 β-蒎烯合成诺卜醇

一、实验目的

(1)了解 β-蒎烯的化学性质，掌握普林斯(Prins)反应的基本原理与方法。

(2)熟练掌握合成、分离及减压蒸馏等基本操作技能。

二、实验原理

诺卜醇(nopol)，化学名为6,6-二甲基双环[3,1,1]庚-2-烯-2-乙醇，由 β-蒎烯与甲醛经 Prins 反应合成。反应可在氯化锌催化下进行，也可在反应釜内加热下进行。由于在酸催化下或在加热下，β-蒎烯会发生异构化反应生成 α-蒎烯、单环萜烯以及单环萜醇，而诺卜醇本身又能脱水形成诺卜二烯。因此，诺卜醇的合成反应较为复杂，操作时需要特别注意。

+ $(HCHO)_n$ $\xrightarrow{ZnCl_2}$ OH

三、仪器与试剂

仪器：250mL 三口烧瓶，125mL 恒压滴液漏斗，温度计(0～200℃)，温度计套管，500mL 分液漏斗，玻璃漏斗，减压分馏装置，机械搅拌器，1000mL 电热套，500mL 和 1000mL 烧杯各 1 个。

试剂：β-蒎烯，无水氯化锌(分析纯)，多聚甲醛(分析纯)，无水硫酸钠(分析纯)。

四、实验步骤

(1)合成：在 250mL 三口烧瓶中依次加入 10g 多聚甲醛、60mL β-蒎烯，搅拌升温至 75℃，慢慢加入 2～3g 研至粉末状的无水氯化锌(分批加入)，反应 1h，然后在 100～120℃条件下加热回流 10h，终止反应。

(2)分离，干燥：反应结束后，将反应液转移到分液漏斗中冷却，静置分层，分出上层油层，用热的饱和食盐水洗涤两次，使无水氯化锌溶于水中，最后取上层油层用无水硫酸钠干燥一夜。

(3)减压分馏：过滤，减压分馏，先回收 β-蒎烯，最后收集(120～130)℃/15mmHg 的馏分，即为产物。

(4)测产品折光率：采用气相色谱分析产物。

五、结果与讨论

通过气相色谱分析，得到产物纯度，计算产物得率。

实验四　氢化松香中枞酸和去氢枞酸含量测定

一、实验目的

(1)掌握氢化松香枞酸和去氢枞酸含量测定的基本原理。

(2)熟悉紫外分光光度计的使用方法和操作。

二、仪器与试剂

紫外分光光度计、容量瓶(50mL)、无水乙醇(符合 GB/T 678—2002)、氢化松香(商品)。

三、测定步骤

称取去除外表部分的试样约 0.015g(准确至 0.0001g)于洁净、干燥的 50mL 容量瓶中，加入少量无水乙醇使试样完全溶解，再加无水乙醇至标线。

将待测液和无水乙醇分别移入两只厚度为 1cm 的洁净石英比色皿中，用擦镜纸将比色皿外壁擦净。放入分光光度计的比色皿架，调节仪器狭缝宽度为 1.0nm，分别在波长 241nm 与 250nm、273nm 与 276nm 附近进行测定，取其吸光度峰谷处的值进行计算。

四、结果计算

枞酸含量和去氢枞酸均以质量分数计，数值以百分数表示。

$$\text{枞酸质量分数} = \frac{E_{241} - E_{250}}{ckl} \times 100\%$$

$$\text{去氢枞酸质量分数} = \frac{E_{276} - E_{273}}{cfl} \times 100\%$$

式中：E_{241}、E_{250}、E_{273}、E_{276}——分别为波长 241nm、250nm、273nm、276nm 附近紫外光的吸光度峰谷处的值；

c——试样浓度，g/L；

l——比色皿的厚度，cm；

k——纯枞酸比的吸收系数，k=28；

f——纯去氢枞酸比的吸收系数，f=1.06。

枞酸含量两次平行试验结果允许相差 0.05%，以算数平均值表示，结果精确至小数点后两位。去氢枞酸含量两次平行试验结果允许相差 0.5%，以算数平均值表示，结果精确至小数点后一位。

实验五　α-蒎烯环氧化反应

一、实验目的

(1) 熟悉 α-蒎烯环氧化反应的基本原理。

(2) 掌握 α-蒎烯环氧化反应的基本操作过程。

二、实验原理

α-蒎烯是我国丰富的松节油资源的主要成分，含有特殊的双环双键结构，具有较高的反应活性及独特的反应多样性。通过 α-蒎烯氧化可以得到 2,3-环氧蒎烷、马鞭草烯酮等在香料、医药和食品添加剂等领域所需的产品或中间体。其中，2,3-环氧蒎烷的重要用途之一是经酸催化重排而得到龙脑烯醛。龙脑烯醛具有杀菌活性，是合成生物活性物和系列香料的重要中间体，也是合成名贵的檀香型香料[如檀香 196 (brahmanol)、檀香 208 (bacdand)]的重要原料。

该合成实验使用亲电加成环氧化反应机理制备，反应机理如下：

$$>C=C< + O^{-}—O—H \longrightarrow >C=C< \; (:\ddot{O}:—O—H) \longrightarrow >C—C< \; (C)$$

三、仪器与试剂

仪器：气相色谱仪，恒温水浴，搅拌器，真空泵，四口烧瓶，分液漏斗等。

试剂：α-蒎烯，过氧乙酸(浓度为 18%～23%)，氯仿(分析纯)，碳酸氢钠(分析纯)，无水氯化钙(分析纯)，蒸馏水。

四、实验步骤

1. 环氧化反应

14.1g 浓度为 96%的 α-蒎烯(0.1mol)，11.9g 氯仿(0.1mol)，12.72g 无水碳酸钠和 1mL0.06mol/L 四丁基溴化铵分别装入 100mL 四口烧瓶，在保持 20℃搅拌条件下缓慢加入 19g 过氧乙酸，然后在室温下搅拌 12h。

2. 分离和纯化

产物与 200mL 水充分混合溶解 CH_3COONa，抽滤去除固体物质。液体在分液漏斗中分离水层和有机层，再用 $CHCl_3$ 萃取水层 1～2 次，收集下层液体与有机层合并。依次用饱和 NaCl 溶液、饱和 $Na_2S_2O_3$ 溶液各洗涤有机层一次，收集的下层液体再用饱和 NaCl 溶液洗涤至中性，经无水硫酸钠干燥后常温蒸去溶剂即得产品，产品为无色透明具有清凉气味的液体。

3. 产物分析

采用气质联用仪在 80～260℃(3℃/min)下分离产品，采用 EI 电离方式在(m/Z)35～500 质量范围内分析产品中的物质，证实主产物存在。采用安捷伦 7890A 气相色谱仪在分析环氧化产物中剩余原料及目标产物 2,3-环氧蒎烷的峰面积百分比(气相色谱仪检测条件：HP-5 型毛细管柱，柱温为 250℃，使用 N_2 为载气，升温范围为 80～180℃，3℃/min；分流比为 25∶1)。

五、结果计算

按照下列公式计算转化率、选择性及得率。

$$\alpha\text{-蒎烯转化率}=\frac{\text{原料中}\alpha\text{-蒎烯百分比}-\text{产物中剩余}\alpha\text{-蒎烯百分比}}{\text{原料中}\alpha\text{-蒎烯百分比}}\times100\%$$

$$2,3\text{-环氧蒎烷选择性}=\frac{\text{产物中}2,3\text{-环氧蒎烷百分比}}{\text{原料中}\alpha\text{-蒎烯百分比}-\text{产物中}\alpha\text{-蒎烯百分比}}\times100\%$$

得率(%)=转化率×选择性

实验六　α-蒎烯制备龙脑

一、实验目的

了解龙脑的获得途径，掌握α-蒎烯合成龙脑的原理及基本操作。

二、实验原理

龙脑又名冰片，主要应用于香料和医药工业。特别在医药领域，龙脑的药用价值还在不断被研究和开发。天然龙脑中含药用价值较高的主要是正龙脑。但天然龙脑的生产成本高，资源稀缺，价格昂贵，而合成龙脑原料易得，价格低廉。

世界上从事合成龙脑研究和生产的国家主要是中国和日本。中国是合成龙脑的主要生产国。在工业上目前普遍采用硼酐或偏钛酸催化蒎烯酯化制备龙脑。具体合成反应过程如下：

$H_2C_2O_4$ / 纳米TiO_2

NaOH

OH　$+\ Na^{\oplus}\ {}^{\ominus}O-C(=O)-C(=O)-O^{\ominus}\ Na^{\oplus}$

三、仪器与试剂

仪器：气相色谱仪，电子天平，恒温水浴，搅拌器，真空泵，常规玻璃仪器等。

试剂：α-蒎烯(96%)，无水草酸(分析纯)，氢氧化钠(分析纯)，纳米 TiO_2 催化剂。

四、实验步骤

将 0.5g 纳米 TiO_2 催化剂，5g 无水草酸及 20g α-蒎烯加入反应瓶，在搅拌下按步骤升温(65℃，1h；75℃ 4h；90℃，1h)进行酯化反应。反应结束后滤去催化剂，水蒸气蒸馏除去轻油得草酸龙脑酯。

按草酸龙脑酯∶氢氧化钠重量比为 1∶5 的量加入 20%氢氧化钠水溶液，进行皂化。最后通过水蒸气蒸馏，收集龙脑，并进行气相色谱分析。

五、结果计算

根据气相分析结果计算产物得率。

实验七　α-蒎烯制备松油醇

一、实验目的

(1)学习固体超强酸催化剂的制备。
(2)初步掌握用固体超强酸催化合成松油醇的方法。
(3)熟练掌握机械搅拌和减压蒸馏装置的安装和具体操作方法。

二、实验原理

松油醇是香料和清洁工业的重要原料，是调配紫丁香型香精的主剂，耐碱性强，适用于皂用香精，其乙酸酯具有香橼和薰衣草香气，可用于香精的配制。也用于医药、农药、塑料、肥皂、油墨、仪表和电信工业中，是玻璃器皿上色彩的优良溶剂。

松油醇的合成主要以α-蒎烯为原料，采用如中孔分子筛、离子交换树脂、固体超强酸等为催化剂，通过水合反应合成。本实验采用固体超强酸为催化剂进行合成，其反应过程如下：

$$+ ClCH_2COOH \xrightarrow{SO_4^{2-}/TiO_2} \text{—}OCOCH_2Cl \xrightarrow[H_2O]{SO_4^{2-}/TiO_2} \text{—}OH$$

三、仪器与试剂

仪器：马弗炉，机械搅拌装置，恒温干燥箱，真空泵，恒温水浴，电子天平，阿贝折射仪，三口烧瓶，滴液漏斗，减压蒸馏装置，烧杯等。

试剂：硫酸钛(化学纯)，氨水(分析纯，25%)，一氯乙酸(分析纯)，硫酸(分析纯)，无水碳酸钠(分析纯)。1.0mol/L 硫酸溶液：移取 5.6mL 浓硫酸，溶解稀释定容于 100mL 水中，摇匀备用。10%Na_2CO_3 溶液：称取 10g 无水 Na_2CO_3，溶解并定容于 100mL 水中，摇匀备用。

四、实验步骤

1. 固体超强酸催化剂的制备

称取 18g 硫酸钛，滴加 80mL 25%氨水，搅拌，产生沉淀，然后抽滤并洗成中性。在 105～110℃下干燥 2h，用 1.0mol/L 硫酸溶液浸泡 3h 以上，并进行过滤，沉淀，在 550℃下煅烧 3h 后称重。

2. 松油醇的制备

(1) 安装好机械搅拌装置，在 250mL 直口三颈烧瓶中加入 10g 氯乙酸和 3mL 水，1g 自制备的固体超强酸催化剂，在 40～60℃下滴加 12.5g 松节油，1h 滴完并保温 60℃继续搅拌 6～10h。

(2) 在接近松油醇折射率时停止反应，冷却静置，在分液漏斗中分出酸层，油层用 10%Na_2CO_3 溶液中和，并用热水洗至中性。得到粗松油醇并蒸馏(114～117℃，3.3kPa)精制，测定折射率为 1.482～1.485。

(3) 产物经气相色谱分析纯度，并计算得率。

五、结果计算

反应产物通过气相色谱分析，可依次计算出 α-蒎烯转化率、松油醇选择性和目标产物得率。

$$\alpha\text{-蒎烯转化率}=\frac{\text{原料中}\alpha\text{-蒎烯质量分数}-\text{产物中}\alpha\text{-蒎烯质量分数}}{\text{原料中}\alpha\text{-蒎烯百分比}}\times 100\%$$

$$\text{松油醇选择性}=\frac{\text{产物中松油醇质量分数}}{\text{原料中}\alpha\text{-蒎烯质量分数}-\text{产物中}\alpha\text{-蒎烯质量分数}}\times 100\%$$

$$\text{目标产物得率}(\%)=\text{转化率}\times\text{选择性}$$

实验八　松香甘油酯的制备

一、实验目的

(1)学习松香甘油酯的制备原理和操作。

(2)掌握如何进行氮气保护下的合成实验。

二、实验原理

松香具有黏结性、防腐性、绝缘性等优良特性，因而广泛应用于造纸、胶黏剂、油墨树脂、涂料等工业部门。但松香对光、热、氧较为敏感，容易老化及氧化，易结晶，酸价高，使其应用受到了较大限制。因此目前工业使用大多通过松香深加工，包括氢化松香、聚合松香、歧化松香、松香酯化来改进上述缺点。

松香甘油酯主要是通过松香和多元醇的酯化反应来进行制备，工业上松香甘油酯的生产条件比较严格，一般是在氮气等惰性气体保护下进行反应。反应后期须通过减压操作，除去未反应的甘油和挥发性物质。所得的松香甘油酯具有分子量大、软化点高、色泽浅、酸价低、稳定性高等优点。

三、仪器与试剂

仪器：电热套，气体保护装置，三口烧瓶，蒸馏装置等。

试剂：松香，氧化锌，甘油(分析纯)，氮气。

四、实验步骤

称取 100g 松香粉末，0.05g 氧化锌加入三口烧瓶，置于加热套中，仪器按回流装置安装，在氮气保护下加热升温至 200～220℃，逐渐加入甘油 12g(按松香量的 11%～12%计)，边加入甘油边继续升温到 260℃，保温 3h，再升温至 280～290℃，放掉冷凝管内的冷却水，加一弯管接头把回流实验装置改为普通蒸馏装置，抽真空 1～2h，蒸馏出酯化反应生成的水分和未反应完的甘油，降温至 270℃时取样化验，当酸价在 10 以下时，终止反应。

计算产物得率，同时测量松香甘油酯的颜色等级、软化点、酸值、不皂化物值。

五、结果计算

松香甘油酯得率=(产物松香甘油酯质量/投料总质量)×100%

其中，投料总质量=松香质量＋甘油质量。

实验九　五倍子中提取单宁酸

一、实验目的

(1)掌握浸提法的实验操作。

(2)掌握五倍子单宁酸的提取方法。

二、实验原理

五倍子为漆树科植物盐肤木叶子上的虫瘿，主要由五倍子虫蚜寄生形成。中国的五倍子产量占世界总产量的 95%以上。它以单宁酸含量高、质优、量大著称于世，是众多工业部门精细化学品的重要原料，用途达百余种。是我国重要的资源昆虫产物。单宁酸(tannic acid)又名鞣酸、单宁、五倍子单宁酸，是植物中的一种化学成分，分子式为 $C_{76}H_{52}O_{46}$，淡黄色至浅棕色粉末，有特殊气味，味极涩。单宁酸溶于水、乙醇、丙酮，不溶于氯仿或乙醚。容易吸潮，在空气中易氧化，氧化后颜色比较深。主要用于印染、冶金、医药等工业。

本实验根据单宁酸溶于水，采用水温浸法提取单宁酸。

三、试剂与仪器

仪器：小型粉碎机，标准筛，150mL 圆底烧瓶，旋转蒸发器，分析天平，恒温水浴，紫外分光光度计，冷冻干燥机等。

试剂：五倍子、铬皮粉、蒸馏水。

四、实验步骤

五倍子破壳，去虫尸，外壳碾成粉末，过 70 目筛，取样品 10g，加入 70mL 蒸馏水，60℃下浸提 1h，过滤。按同样方法浸提 3 次，合并滤液，滤液加入一定量粉状活性炭，再过滤，滤液于 5～10℃放置沉降，分离，取上清液减压浓缩，干燥。计算得率，紫外分光光度计检测单宁酸含量。

五、结果与分析

$$\text{干浸膏得率} = \frac{M}{10} \times 100\%$$

式中：M——干浸膏质量，g。

六、思考题

（1）哪些因素影响干浸膏得率？怎样提高干浸膏得率？

（2）单宁酸的含量受哪些因素影响？

实验十　单宁酸含量的测定

一、实验目的

（1）掌握铬皮粉法测定单宁酸含量的原理和方法。

（2）熟悉紫外分光光度计的使用方法和基本操作。

二、实验原理

用紫外分光光度计，在波长 276nm 处，分别测定试样溶液和用铬皮粉吸除单宁酸后的非单宁溶液的吸光度。其差值与单宁酸标准样品溶液的吸光度对比。

三、仪器与试剂

仪器：紫外分光光度计（带宽≤2nm，透射精度≤±0.5%，透射重复性≤0.5%），1cm 石英比色皿，旋转式振荡器[（60±2）r/min]，分析天平（感量 0.0001g），容量瓶(100mL，200mL)，广口瓶(250mL)。

试剂：单宁酸标准样品(含量应不低于99.0%)，铬皮粉(吸收单宁酸能力不低于0.060g/g)，中速定性滤纸(GB/T 1914—2007)。

四、实验步骤

1. 配制溶液

(1)配制单宁酸标准样品溶液:称取在(105±2)℃下烘干至恒量的单宁酸标准样品0.100g，精确到0.0001g，溶于少量60～70℃的水中，移入100mL容量瓶内，冷却至室温，用水稀释至刻度，摇匀。1mL溶液约含1mg单宁酸标准样品。

(2)试样溶液的制备：称取试样0.100g，精确到0.0001g，溶于少量60～70℃的水中，移入100mL容量瓶内，冷却至室温，用水稀释至刻度，摇匀。

(3)试样工作溶液的制备：用移液管吸取试样溶液2mL，移入200mL容量瓶内，用水稀释至刻度，摇匀。

(4)非单宁溶液的制备：用移液管吸取试样工作溶液50mL，移入250mL干燥的广口瓶中，加入1.00g铬皮粉，塞好瓶塞，振摇6～7次，将瓶放到旋转式振荡器上，振荡10min后，用滤纸过滤，收集滤液。保留此滤液也用于五倍子酸含量的测定。

(5)非单宁工作溶液的制备：用移液管吸取非单宁溶液2mL，移入200mL容量瓶内，用水稀释至刻度，摇匀。

(6)单宁酸标准样品工作溶液的制备：用移液管吸取单宁酸标准样品溶液2mL，移入200mL容量瓶内，用水稀释至刻度，摇匀。

2. 测定步骤

用紫外分光光度计在波长276nm处，以蒸馏水作参比，用1cm比色皿，分别测定工作溶液的吸光度。

五、实验结果

单宁酸含量以干基质量百分数X_2计，数值以百分数表示，按下式计算：

$$X_2 = \frac{A_0 - A_2}{A_1} \times \frac{m_1}{m_0(1 - X_1)} \times 100\%$$

式中：A_0——试样工作溶液的吸光度；

A_2——试样中非单宁工作溶液的吸光度；

A_1——单宁酸标准样品工作溶液的吸光度；

m_1——单宁酸标准样品质量，g；

m_0——试样质量，g；

X_1——试样干燥失重，%。

在相同条件下获得的两次独立测试结果的绝对差值不大于0.7。取其算术平均值为测定结果。

实验十一 紫胶蜡质的测定

一、实验目的

掌握紫胶蜡质的检验技术，进一步学习萃取、分离技术。

二、实验原理

紫胶是由紫胶虫吸食寄主树树液后分泌出的天然成分，主要含有紫胶树脂、紫胶蜡和紫胶色素等。其中紫胶蜡是一种重要的工艺原料，也是一种在自然界中难得的硬质天然蜡，其硬度大，光泽好，对溶剂保持力强，性能优于巴西棕榈蜡和蒙旦蜡，在电器工业、复写纸、蜡纸、抛光剂、地板蜡、皮带蜡、水果蜡、包装封面、瓶子封闭剂、彩色蜡笔、化妆品、高级鞋油及生物医药等方面有着广泛的用途。

紫胶蜡中含有烃类1.8%、脂肪醇77.2%、脂肪酸21%。本实验主要是测定紫胶中蜡质成分的含量，方法为将定量的紫胶溶于碳酸钠热溶液中，冷却后，用过滤方法将蜡分离出，再用溶剂萃取出来。

三、仪器与试剂

仪器：恒温水浴，干燥箱，标准筛，搅拌器，烧杯(250mL)，表面皿(直径5～7cm)，索氏提取器(150mL)，玻璃漏斗(直径9cm)，棉线。

试剂：商品紫胶，无水碳酸钠(分析纯)，四氯化碳(分析纯)，纯净水。

四、实验步骤

称取通过孔径约0.4mm筛(相当于40目)的样品约10g，精确到1mg，放入烧杯中，加150mL溶有2.5g碳酸钠的热水，放在沸水浴中加热，搅拌。待试样溶解后再加热 2～3h，不要搅拌。将烧杯从水浴中取出，冷却至室温，溶液表面将会浮现一层蜡。用四氯化碳萃取过的定性滤纸过滤，用水洗涤至滤液无色，将滤纸取出放在(60±2)℃的烘箱中烘去水分。再用一张(四氯化碳萃取过的)滤纸包好，用棉线捆紧，放入事先在(100±2)℃恒重的萃取瓶的索氏提取器中。用四氯化碳提取蜡，萃取 4h，将萃取瓶中的四氯化碳蒸除，放入干燥箱中，在(100±2)℃下干燥 30min，在干燥器中冷却至室温称重。重复干燥 30min，冷却至室温称重。直至前后两次重量差不超过 0.002g 为止。

五、结果计算

蜡值以质量分数 x 计，数值以百分数表示，按下式计算：

$$x = \frac{m_1 - m_2}{m} \times 100\%$$

式中：m_1——萃取瓶加蜡质量，g；

m_2——萃取瓶质量，g；

m——样品质量，g。

在重复性条件下获得的两次独立测试结果的绝对值不大于 0.2%。如是脱蜡胶，在重复性条件下获得的两次独立测试结果的绝对值不大于 0.03%。取其算术平均值为测定结果。

实验十二　紫胶酸值的测定

一、实验目的

(1)掌握碱式滴定管的使用方法。

(2)掌握紫胶酸值的测定原理和方法。

二、实验原理

紫胶又称虫胶，是紫胶虫寄生于一些豆科植物上通过吸食树汁后分泌的一种紫红色天然树脂。紫胶具有优良的性能，在食品、医药、皮革、塑料、涂料和胶黏剂等领域有广泛的应用。紫胶树脂是一种天然酸性树脂，其化学成分比较复杂，通过碱水解可得到各组分的混合物。

紫胶的酸值是反映紫胶产品成分和质量的重要指标，其测定方法是用氢氧化钾-乙醇标准溶液滴定紫胶乙醇液，以百里香酚蓝作指示剂。紫胶酸值以滴定消耗的氢氧化钾的量表示。

三、仪器与试剂

仪器：锥形瓶(磨口，250mL)；滴定管(碱式，25mL)。

试剂：紫胶样品、氢氧化钾(分析纯)、95%乙醇(分析纯)。氢氧化钾-乙醇标准溶液(0.1mol/L)(按 GB/T 601—2016 中 4.25 节的规定配制)；百里香酚蓝指示液(1g/L)(按 GB/T 603—2002 中 4.1.4.12 节的规定配制)。

四、实验步骤

称取通过孔径约为0.4mm筛(相当于40目)的样品0.25～0.30g，精确到0.1mg，放入 250mL 锥形瓶中，加入 50mL 乙醇使其溶解，加 3～5 滴百里香酚蓝指示液，用 0.1mol/L 氢氧化钾-乙醇标准溶液滴定至紫红色出现为终点。同时做空白试验。

五、结果计算

酸值以氢氧化钾(KOH)的质量分数 X 计，数值以毫克每克表示，按下式计算。

$$X = \frac{(V - V_0)c \times 56.11}{m}$$

式中：V——样品消耗氢氧化钾标准溶液的体积，mL；

V_0——空白消耗氢氧化钾标准溶液的体积，mL；

c——氢氧化钾标准溶液的浓度，mol/L；

m——样品质量，g；

56.11——氢氧化钾的摩尔质量，g/mol。

在相同条件下获得的两次独立测试结果的绝对差值不大于 2。取其算术平均值为测定结果。

实验十三　盐析法提取紫胶红色素

一、实验目的

掌握盐析法提取紫胶红色素的工艺。

二、实验原理

紫胶红色素是紫胶虫的代谢产物，存在于紫胶原胶中，占原胶的1.5%～3.0%，紫胶红色素传统上用于食品、医药、化妆品、印染和纺织等行业。紫胶红色素无毒，具有很好的水溶性，颜色鲜艳，着色力强，性质稳定。紫胶红色素的提取常以氯化钠为盐析剂加到紫胶碱液中使紫胶树脂发生沉淀，从而在原胶碱液中实现紫胶树脂与紫胶红色素的分离，再经食盐水数次洗涤后，紫胶树脂颜色指数降低的同时，色素提取率大幅提升。

三、仪器与试剂

仪器：紫外可见光分光光度计，电位滴定仪，电子天平，真空泵，恒温水浴，磁力搅拌器。

试剂：云南紫胶虫原胶，甲醇（分析纯），氯化钠（分析纯），无水碳酸钠（分析纯），氯化钙（分析纯），盐酸（分析纯），乙酸镁（分析纯），纯水。

四、实验步骤

1. 原胶溶液的制备

称取原胶10g，分数次加到50mL浓度为0.15mol/L的碳酸钠溶液中，搅拌溶解后，于冰箱中静置24h过滤，取滤液静置备用。

2. 测定盐析溶液吸光度的方法

精确移取制备的原胶溶液，稀释100倍后测其吸光度，以此作为计算原胶溶液中紫胶红色素含量的依据。盐析后，精确移取盐析所得滤液，稀释100倍后测其吸光度值，以此作为计算盐析液中紫胶红色素含量的依据。

五、实验结果

紫胶红色素的测定采用分光光度法依据GB/T 1886.17—2015进行。通过测定，计算出盐析液中紫胶红色素的含量，同时计算出原胶中红色素的提取率。

盐析法提取紫胶红色素的提取率T_0（以原胶中所含的紫胶红色素质量为100%计），计算公式如下。

$$T_0 = \frac{I_1}{I_0} \times 100\%$$

式中：I_1——最佳工艺条件下盐析滤液的吸光度值；

I_0——原胶溶液的吸光度值。

盐析法提取紫胶红色素的得率 T_0'（以原胶的质量为100%计），计算公式如下。

$$T_0' = T_0 \times H \times 100\%$$

式中：T_0——盐析法提取紫胶红色素的提取率；

H——所用原胶中紫胶红色素的百分含量。

第四章　生物质资源化学提取与利用

实验一　红辣椒中红色素的提取

一、实验目的

(1)了解色谱分离技术在有机物分离中的应用。

(2)熟悉薄层色谱、柱色谱的分离原理，掌握柱层析分离技术。

二、实验原理

天然红辣椒中含有辣椒红色素(简称辣椒红)、辣椒素、辣椒油脂等。其中，辣椒红是辣椒红素、辣椒玉红素、*β*-胡萝卜素等色素的混合物，为深红色油状液体。辣椒红是食品和化妆品中的天然色素添加剂。其化学组成中呈深红色的色素主要是辣椒红脂肪酸酯和辣椒玉红素脂肪酸酯，呈黄色的色素则是*β*-胡萝卜素。辣椒红素、辣椒红素脂肪酸酯、*β*-胡萝卜素的化学结构如下：

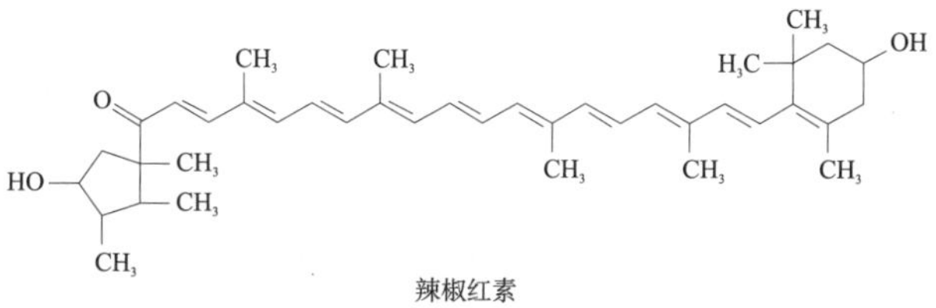

辣椒红素

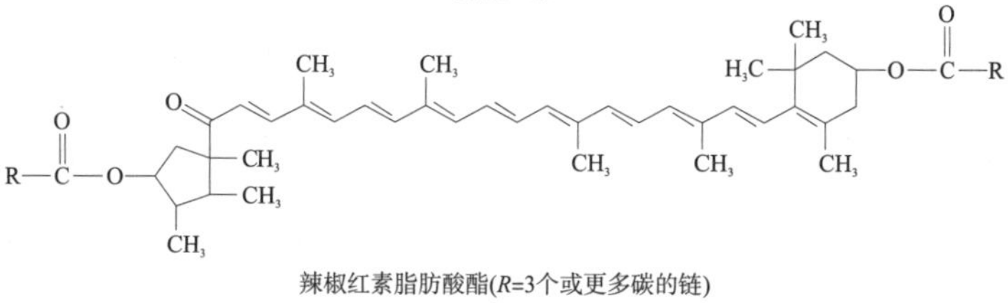

辣椒红素脂肪酸酯(*R*=3个或更多碳的链)

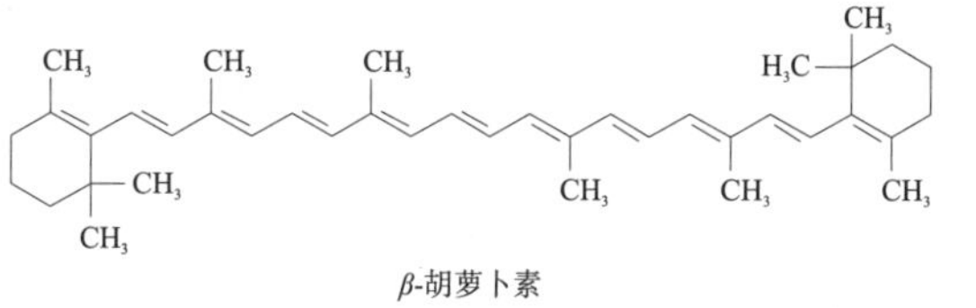

β-胡萝卜素

辣椒红素和辣椒玉红素的颜色是由长的共轭双键体系所产生，它对光的吸收使其产生深红色。

辣椒红溶于植物油脂、丙酮、乙醇等有机溶剂，不溶于水。它耐热、耐酸碱性较好，但耐光性差。辣椒红为色价高、颜色鲜艳的纯天然品，大量用于调味品、糕点、饮料等的着色。

辣椒原料中的红色素易溶于有机溶剂，但不溶于水，为了增加溶剂的渗透性，本实验选择乙醇为浸提溶剂。首先溶剂渗透进入细胞壁对原生质中的红色素进行选择性溶解，溶入溶剂中的色素成分连同溶剂扩散出细胞外，从而实现色素浸提。

浸提时，增大溶剂浓度，增大溶剂与原料的接触面积，提高浸提温度可提高浸提率。考虑到以上因素，可采取索氏抽提器，通过加热回流，虹吸使溶剂不断更新，保持其最大浓度差；另外，辣椒原料充分粉碎可增加原料与溶剂的接触面积。通过不断地汽化冷凝、回流、虹吸，使圆底烧瓶中的辣椒红不断增加，从而达到提取的目的。

三、仪器与试剂

仪器：圆底烧瓶，烧杯，层析缸，薄层色谱板，层析柱，试管等。

试剂：2g 红辣椒，二氯甲烷，乙醇，氯仿，硅胶 G(60～200 目)。

四、实验内容

本实验的实验流程见图 4-1。

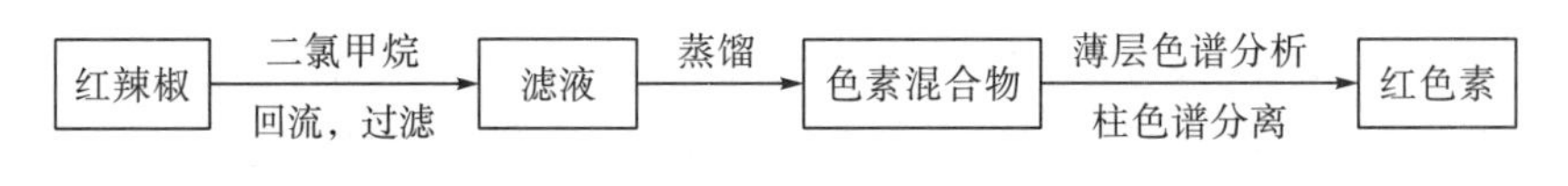

图 4-1 辣椒红色素提取流程

1. 红辣椒色素的提取

在 50mL 圆底烧瓶中放入 2g 红辣椒和 2～3 粒沸石，加入 15mL 二氯甲烷，回流 30min，冷却至室温，然后过滤除去固体。蒸发滤液得到色素粗提混合物。

2. 色素的薄层分析

用 5 滴氯仿把少量粗色素样品溶解在一个小烧杯中，用毛细管点在准备好的硅胶 G 薄板上，用含有 1%～5%绝对乙醇的二氯甲烷作为展开剂，在层析缸中进行层析，记录每一点的颜色，并计算它们的 R_f 值。

3. 红色素的柱层析分离

用湿法装柱。约 8g 硅胶(60～200 目)在适量二氯甲烷中搅匀，装填到配有玻璃活塞的层析柱中。柱填好后，将二氯甲烷洗脱剂液面降至被盖硅胶的砂的上表面。将色素的粗混合物溶解在少量二氯甲烷中(约 1mL)，然后将溶液用滴管加入层析柱。放置色素于柱上后，用约 50mL 二氯甲烷洗脱色素。收集不同颜色的洗脱组分于小锥形瓶或试管中，当第二组黄色素洗脱后，停止层析。

通过薄层层析检验柱层析，若没有得到一个好的分离效果，用同样的步骤将合并的红色素组分再进行一次柱层析分离。鉴定含有红色素的组分，然后将主要含有同种组分的每组组分合并。

五、注意事项

(1) 实验须在通风橱内进行，严禁烟火，严禁皮肤接触，牢记有机化学实验常规安全防范和急救措施。

(2) 点样时，毛细点样管刚接触薄板即可，不然会拖尾，影响分离效果。

(3) 柱层析时，棉花不能塞得太紧，以免影响洗脱速度(太紧流速会很慢)。

六、思考题

(1) 为什么极性较大的组分要用极性较大的溶剂洗脱？

(2) 层析柱中若有气泡或装填不均匀，会给分离造成什么影响？如何避免？

(3) 如何利用 Rf 值鉴定化合物？

实验二　留兰香油真空精馏制取香芹酮

一、实验目的

(1) 了解通过间歇式真空分馏单离香芹酮的原理及操作方法。

(2) 掌握香料精油常规的精制方法，了解精油的一般特性，如旋光性、折光性、香气、热敏性、挥发性等。

(3) 熟悉常规的香料精油测试方法。

二、实验原理

留兰香精油，又称薄荷草油、矛形薄荷油或绿薄荷油，是一种单萜类化合物。香芹酮存在两种互为镜像关系的对映异构体，(+)-香芹酮(*D*-cavone)和(-)-香芹酮(*L*-cavone)。(-)-香芹酮是留兰香油的主要成分，为无色或淡黄色的液体，沸点为231℃、相对密度D_{5}^{25}为0.960、折光指数n_{D}^{20}为1.4988、旋光度$[\alpha]_{D}^{20}$为−57°～−63°。(-)-香芹酮属清滋香韵，具有留兰香特征香气，大量用于调配糖果、口香糖、牙膏、酒类等各种食用香精，也用于调配花香型化妆品香精。

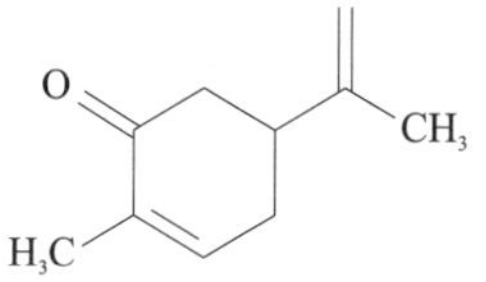

香芹酮

留兰香等原料精油具有挥发性，其主要成分的沸点基本上都在150～250℃，根据各组分沸点的不同，以及拉乌尔定律和气液平衡方程，收集一不定期馏段的馏分便可得到纯度较高的香芹酮。

香料精油中的主要成分基本属热敏性物质，在高温、氧存在下极易产生化学变化，从而导致颜色变深，香气变差，影响最终产品质量，所以分馏采用真空分馏方式。

真空分馏在真空下可以隔绝氧气，同时液体的沸点可随外界的压力降低而下降，所以可采用真空在较低的温度下达到分馏精制的目的。留兰香油中主要的化学组成为：香芹酮50%～60%、柠檬烯15%～25%。

三、仪器及试剂

仪器：250mL蒸馏烧瓶，精密分馏装置，200mL量筒，真空系统。

试剂：留兰香油。

四、实验步骤

量取125mL留兰香油倒入蒸馏烧瓶中，放2～3粒沸石，然后装到精密分馏装置上。加热，开启真空泵使真空维持在20mmHg左右，缓慢升温，当顶部有馏出物后，全回流约0.5h。然后调整回流比，控制在(1∶2)～(1∶3)，馏出液馏出速度为2～4滴/s，出头馏段，当低沸点馏分蒸出后，蒸馏速度逐步减慢，当塔顶温度升到 96℃以上时，接收器接收 96～115℃馏出的馏分。注意记下第一滴馏分及各段馏分所对应的时间、温度。蒸馏结束后，先移去热源，待稍冷后，慢慢打开放空活塞，使系统与大气相通，最后关闭真空泵。量取体积，计算得率。

具体分馏操作可参见留兰香油主要成分真空对照沸点表 4-1。

表 4-1　留兰香主要成分真空对照沸点表　　单位：℃

成分	真空度/ mmHg				
	760	50	20	15	10
香芹酮	230.84	137.4	114.6	107.8	90.6
柠檬烯	177.8	92.0	71.0	64.9	57.5
桉叶素	176.4	90.1	68.95	62.95	55.15
薄荷酮	209	118.45	96.05	89.61	81.60
水芹烯	175.79	93.8	73.7	68.0	60.8
α-蒎烯	154.75	74.9	55.46	49.52	42.5
β-蒎烯	164	80.8	59.65	52.29	45.47

五、注意事项

(1) 蒸馏时可考虑加一根毛细管插入蒸馏烧瓶中，采用带夹橡皮管调节空气流量，产生小气泡作为蒸馏时的气化中心。

(2) 在接收初馏段基本结束后，如塔顶温度为 82～96℃馏分较多时，可加一接收器接收部分过渡段。

(3) 如留兰香油成分较杂并含较多的水及低沸点物时，可考虑先用水泵抽气减压，除去部分低沸点物后，再用油泵减压蒸馏。并在接收器与真空泵之间分别安装冷阱及吸收装置，从而保护真空泵。

(4) 馏分收集器必须用圆底烧瓶或梨形烧瓶等耐压接收器，切不可使用平底烧瓶或锥形瓶，防止减压下发生爆炸。

六、思考题

(1) 减压蒸馏原理，为什么采用真空分馏？

(2) 用水泵或油泵进行减压分馏各有什么特点？

(3) 减压蒸馏操作要注意哪些问题？

(4) 香料精油通常采用什么方式进行精制单离？

实验三　茶叶中咖啡因的提取

一、实验目的

(1)了解并掌握利用升华法纯化固体产物的方法和原理。

(2)了解从茶叶中提取咖啡因的原理和方法，并学会从天然产物中分离纯化有用成分的方法。

(3)掌握升华原理及其操作。

二、实验原理

咖啡因具有刺激心脏、兴奋大脑神经和利尿等作用，主要用作中枢神经兴奋药。它也是复方阿司匹林(A.P.C)等药物的组分之一。现代制药工业多用合成法制备咖啡因。

咖啡因为嘌呤的衍生物，化学名为1,3,7-三甲基-2,6-二氧嘌呤，其结构式与茶碱、可可碱类似。

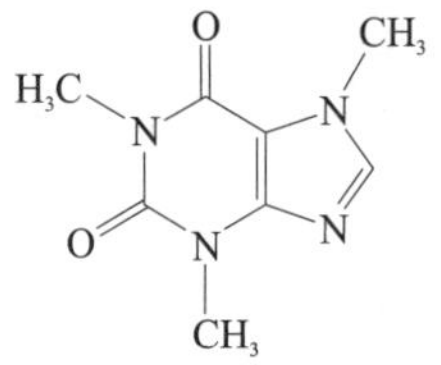

咖啡因

纯品咖啡因为白色针状结晶体，无臭，味苦；易溶于水、乙醇、氯仿、丙酮；微溶于石油醚；难溶于苯和乙醚。它是弱碱性物质，水溶液对石蕊试纸呈中性反应。咖啡因在100℃时即失去结晶水，并开始升华，120℃时升华相当显著，至178℃时升华很快。无水咖啡因的熔点为234.5℃。

茶叶中含有多种生物碱，其主要成分为1%～5%的咖啡因，并含有少量茶碱和可可豆碱，以及11%～12%的单宁酸(又名鞣酸)，还含有约0.6%的色素、纤维素和蛋白质等。

为了提取茶叶中的咖啡因，往往利用适当的溶剂(如氯仿、乙醇、苯等)在脂肪提取器中连续萃取，然后蒸出溶剂，即得粗咖啡因。粗咖啡因中还含有一些生物碱和杂质，利用升华法可进一步纯化。

萃取：是利用物质在两种互不相溶的溶剂中溶解度或分配比的不同来达到分

离、提取或纯化目的的一种操作。

升华：是纯化固体有机物的方法之一。某些物质在固态时有相当高的蒸气压，当加热时不经液态阶段而直接气化，蒸气遇冷则凝结成固体，这个过程叫作升华。升华得到的产品有较高的纯度，这种方法特别适用于纯化易潮解或与溶剂易起离解作用的物质。

升华是纯化固体有机物的一个方法。利用升华可除去难挥发性杂质或分离具有不同挥发度的固体混合物。升华常可得到纯度较高的产物，但操作时间长，损失也较大。

本实验采用直接升华法提取茶叶中的咖啡因。

直接升华法是将茶叶碎末置于容器中直接加热到110～160℃，咖啡因升华，经冷却，收集结晶，得到纯品。

三、仪器与试剂

仪器：索氏抽提器，蒸发皿，酒精灯，三脚架，玻璃棒，台秤，石棉网，滤纸，棉花，研钵。

试剂：生石灰粉，茶叶，95%乙醇(化学纯)。

四、实验步骤

称取约10g茶叶研成粉末，利用索氏抽提器加95%乙醇提取。提取完毕后，在水浴锅上蒸去多余的溶剂，冷却后倒入蒸发皿中，加入适量生石灰粉搅拌，待水分基本吸干后进行升华操作。在蒸发皿上面覆盖一张刺有许多小孔(用大头针扎)的滤纸，然后将大小合适的玻璃漏斗罩在上面，漏斗的颈部塞一点棉花，减少蒸气逃逸。实验装置如图4-2所示，在石棉网上用酒精灯小火加热升华。产生的蒸气会通过滤纸小孔上升，冷却后凝结在滤纸孔上或漏斗壁上。当观察到滤纸孔上出现白色毛状结晶时，停止加热，让其自行冷却，必要时漏斗外壁可用湿布冷却。当漏斗中观察不到蒸汽时，方可揭开漏斗和滤纸，仔细地把附着在纸上及器皿周围的咖啡因刮下，收集称重，计算产率。

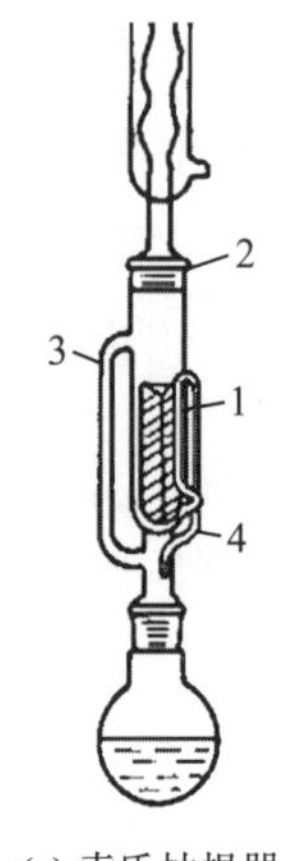

(a) 索氏抽提器

1-提取器，2-冷凝器，3-蒸汽导管，4-虹吸管

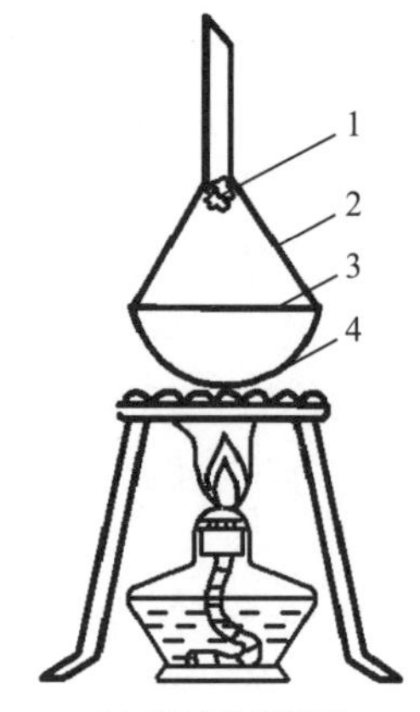

(b) 常压升华装置

1-棉花团，2-漏斗，3-带孔滤纸，4-蒸发皿

图 4-2 实验装置

五、注意事项

(1)生石灰的作用除吸水外，还可中和除去部分酸性杂质(如鞣酸)。拌入生石灰要均匀，研磨要仔细、混匀。

(2)本实验的关键是升华，升华过程中要控制好温度。一定要小火加热，慢慢升温，最好是酒精灯的火焰尖刚好接触石棉网，徐徐加热 10～15min。如果火焰太大，加热太快，滤纸和咖啡因都会碳化变黑，会使产物发黄(分解)；如果火焰太小，升温太慢，会浪费时间，一部分咖啡因还没有升华，影响收率。

(3)刮下咖啡因时要小心操作，防止混入杂质。

六、思考题

(1)升华法适用于哪些物质的纯化？如何改进升华的实验方法？

(2)加入生石灰粉的作用是什么？

实验四 银杏叶中黄酮类化合物的提取分离和鉴定

一、实验目的

(1)了解黄酮类化合物提取分离与鉴定方法的原理。

(2)熟悉银杏叶中黄酮类化合物的提取分离及鉴定方法。

(3)掌握提取分离和测定的实验室操作。

二、仪器与试剂

仪器：电子天平，旋转蒸发仪，索氏提取器，紫外分光光度计，研钵，比色皿，容量瓶，移液管等。

试剂：银杏叶(阴干储藏备用)，芦丁(对照品)，无水乙醇，亚硝酸钠，氯化铝和氢氧化钠(分析纯)。

三、实验原理

根据黄酮类化合物的理化性质，本实验采用以下方法提取、分离银杏叶中的黄酮类化合物。

(1)水或烯醇提取法。黄酮类化合物在水或烯醇中均能较好溶解。银杏叶水煎两次(第一次 3h，第二次 2h)总黄酮提取率可达 34.91%。所得提取物可制备片剂、胶囊剂及冲剂等固体制剂。

(2)浓乙醇提取法。黄酮苷类化合物在 95%热乙醇中有较好的溶解性，而其他水溶性杂质溶解度小。特别是银杏叶中的苷元，如槲皮素，只微溶于热水，而溶于热乙醇中。将银杏叶用 95%乙醇回流提取，回收溶剂，将水提取物用 15%～25%稀乙醇悬浮，滤去不溶物，所得提取物用作配制制剂原料。

(3)稀丙酮提取法。银杏叶中所含黄酮苷类，特别是银杏萜内酯类在较稀的丙酮水溶液中均可较好地溶解，所得提取物含银杏叶有效成分比较全面。

四、实验步骤

(一)银杏叶中黄酮类化合物的提取

(1)浓乙醇提取法：取经粉碎的银杏叶 50g，加 1000mL 乙醇，于 60℃加热回流提取 1h，减压回收乙醇，可得粗提取物 11g 左右；将提取物悬浮于 15%～20%稀乙醇中，搅拌，过滤，减压蒸除溶剂，可得约 6g 精制物。

(2)稀丙酮提取法：取绿色银杏叶 50g，粗碎，加 250mL60%丙酮-水溶液，于 55℃回流 5h，冷却，压滤；滤液用四氯化碳萃取 3 次(每次 30mL)，减压回收溶剂；于 50℃真空干燥，得提取物 7～8g。

(3)丙酮-硅藻土过滤法：取经粉碎的银杏叶 100g，置于提取器中，加 65%丙酮-水溶液 600mL，于 60℃搅拌提取 4.5h，冷却至 25℃，过滤。滤饼用 100mL 新配制丙酮-水溶液分多次洗涤，合并洗涤液过滤，在滤液中加入硅藻土 2g，搅拌，于 45℃减压浓缩至体积为 150mL，冷却混悬液至 25～28℃，小心过滤；用 10mL 水多次洗涤滤饼，所得水洗涤液于 25℃用 40mL 丁酮与 20g 硫酸铵处理，静置；上清液用丁酮处理 3 次(每次 20mL)，合并有机相，加无水硫酸钠干燥，过滤，于 60℃减压回收有机溶剂，继续浓缩至干燥，得黄褐色粉末 2g 左右。

(二)银杏叶中黄酮类物质的鉴别与测定

1. 理化鉴别

取粉碎的银杏叶 10g，加 70mL 甲醇，回流 10min，趁热过滤，滤液供下列试验鉴别。

(1)盐酸-镁粉或锌试验：取 1mL 甲醇提取液，加入浓盐酸 4～5 滴及少量镁粉或锌粉。在沸水浴中加热 3min，如呈红色反应，则表明含有游离黄酮类或黄酮苷类成分。样品中如含有花青素时，对此反应有干扰。为了鉴别花青素是否存在，在另一试管中按同法试验，但不加镁粉或锌粉，如产生同样红色反应，表明含有花青素。

(2)荧光试验：取 1mL 甲醇提取液，在沸水浴上蒸干，加入硼酸的饱和丙酮溶液及 10%柠檬酸-丙酮溶液各 1mL，继续蒸干。在紫外灯下照射残渣，如观察到有强烈的荧光时，表明含有黄酮苷元或黄酮苷类成分。

2. 含量测定

1)分光光度法

银杏中总黄酮含量的测定通常是以芦丁(rutin)为对照品，采用分光光度法。该方法虽准确性较差，但操作方便，不需要特殊仪器。测定方法如下。

(1)标准溶液的制备：精确称取芦丁对照品 20mg，置于 100mL 的容量瓶中，加 60%乙醇适量，置水浴上加热溶解，冷却，用 60%乙醇溶液稀释至刻度，摇匀。吸取 25mL，置于 50mL 的容量瓶中，用水稀释至刻度，摇匀，即得芦丁标准溶液(每 1mL 含芦丁 0.1mg)。

(2)样品溶液的制备：精确称取经粗碎后的银杏叶 3.0g，置索氏提取器中，用 95%乙醇回流提取完全，滤液回收乙醇，稠膏蒸尽残留乙醇后加水，冷却，过滤，得黄色混浊液。加适量硅胶搅匀，过滤，用适量蒸馏水冲洗，浓缩滤液，定容至 25mL 备用。

(3)测定方法：精确吸取提取液 5mL，置于 25mL 容量瓶中。用 30%乙醇稀释至刻度，摇匀。精确吸取 2mL，置 10mL 容量瓶中，加 30%乙醇至 5mL，加入 0.3mL 亚硝酸钠(1∶20)，摇匀，放置 6min，加入 0.3mL 硝酸铝(1∶10)，摇匀，再放置 6min 后，加入 1mol/L 氢氧化钠 4mL，混匀，用 30%乙醇稀释至刻度。置水浴中 10min 后，于波长 510nm 处测吸光度(必要时过滤)。同时用 30%乙醇 3.0mL 按上述方法处理作空白。按下式计算样品溶液中总黄酮的含量。

$$样品总黄酮含量\% = \frac{Y \times V_1}{W \times V \times 1000} \times 100$$

式中：Y——从回归方程中求得的芦丁量，mg/mL；

V_1——试液总体积，mL；

V——测定取样体积，mL；

W——样品重，g。

2）高效液相色谱法

（1）色谱条件：流动相甲醇-水-乙酸（45∶46∶9）；流速 1mL/min；色谱柱 250nm×4.6mm；柱温 30℃；进样量 10μL；检测波长 254nm。

（2）样品溶液的制备：取银杏叶 1.5g，剪碎，精确称重。置于索氏提取器中用甲醇提取 8h。提取液浓缩，置 50mL 容量瓶中，加甲醇定容，摇匀。取 1mL 于 10mL 容量瓶中，用 30%稀释乙醇至刻度，备用。

（3）芦丁和槲皮素混合标准溶液的制备：精确称取芦丁和槲皮素对照品（干燥至恒重），加乙醇溶液，制成每毫升混合标准溶液分别含芦丁 0.168mg、槲皮素 0.166mg。

（4）测定方法：按上述色谱条件测得标准溶液色谱图，根据峰面积和溶液浓度用最小二乘法作线性回归，得标准曲线方程，同法得样品溶液色谱图。根据提取液出峰时间，确定芦丁和槲皮素的峰值，经计算机处理得峰面积，代入标准方程，计算样品中芦丁和槲皮素的含量。

实验五 水蒸气蒸馏法提取萜类及挥发油

一、实验目的

（1）了解水蒸气蒸馏的基本原理和应用，掌握水蒸气蒸馏的方法。

（2）掌握萜类和挥发油的提取原理及方法。

二、实验原理

水蒸气蒸馏是将水蒸气通入有机物中，或将水与有机物一起加热，使有机物与水共沸而蒸馏出来的过程。水蒸气蒸馏是分离和提纯有机物质的常用方法。当两种互不相溶的液体混合在一起时，混合物的蒸气压应为各组分蒸气压之和。由于两种组分互不相溶，彼此相互影响很小，混合物中每一组分在某温度下的分压等于其纯态时在该温度下的蒸气压。当混合物受热至各组分的蒸气压之和等于外界大气压时混合物即沸腾。

例如，把苯胺和水的混合物加热至98.4℃，混合物开始沸腾。因为在98.4℃时，苯胺的蒸气压为42mmHg，水的蒸气压为718mmHg，两者相加等于760mmHg。显然，苯胺-水混合物的沸点既低于苯胺的沸点(184.4℃)，也低于水的沸点。因此，利用水蒸气蒸馏可以将沸点高于100℃的有机物，在低于100℃的温度下蒸馏出来。根据气体分压定律，水蒸气蒸馏的混合蒸气中个别气体分压(P_A、$P_{水}$)之比等于它们的摩尔数之比(n_A、$n_{水}$表示这两种物质在一定容积的气相中的摩尔数)，即$P_A:P_{水}=n_A:n_{水}$，因为馏出液是由蒸气冷凝而来的，馏出液中A与水的摩尔数之比同样是$n_A:n_{水}$。而$n_A=W_A/M_A$，$n_{水}=W_{水}/M_{水}$，(M_A、$M_{水}$为A和水的分子量；W_A、$W_{水}$为A和水的质量)。因此有$W_A/W_{水}=(M_An_A)/(M_{水}n_{水})=(M_AP_A)/(M_{水}P_{水})$。由此可见，馏出物中有机物和水的相对质量与其蒸气压和分子量成正比。其中$P_{水}$可通过相关手册查得，P_A可近似为大气压与$P_{水}$之差($P_A=P_{大气}-P_{水}$)，$P_{大气}$可由气压计上读得。

例如，将苯胺与水的混合物进行水蒸气蒸馏，混合沸腾(98.4℃)时，水的蒸气压为718mmHg，大气压为760mmHg，$P_{苯胺}=760-718=42$mmHg。苯胺的分子量为93，所以馏出液中苯胺与水的质量比为：$W_{苯胺}/W_{水}=(93\times42)/(18\times718)=1/3.3$，即每蒸出3.3g水能够带出1g苯胺。由于苯胺略溶于水，这个计算结果仅为近似值。

从以上计算过程可以看出，水蒸气蒸馏的效率与有机物的分子量M_A和蒸气压P_A有关，M_A越大，P_A越高，水蒸气蒸馏的效率也越高。但由于分子量越大的物质其蒸气压越低，因而实际上很难两全。

由上述原理可知，使用水蒸气蒸馏分离提纯有机物应具备以下条件。

(1)有机物不溶于水或难溶于水。

(2)有机物与水长时间煮沸不发生化学变化。

(3)在100℃左右，必须具有一定的蒸气压(至少5mmHg，一般不少于1.3332kPa)。

水蒸气蒸馏常用于下列几种情况。

(1)某些沸点高的有机物，在常压下蒸馏虽可与副产品分离，但其本身易被破坏。

(2)混合物中含有大量树脂或不挥发性杂质时，采用普通蒸馏、萃取等方法都难以分离。

(3)从较多固体反应物中分离出被吸附的液体。

(4)从天然物中提取精油等。

三、仪器与试剂

仪器：水蒸气发生器，长颈圆底烧瓶，蒸馏装置(减压)，直形冷凝管，接引管，长玻璃管，T形管，橡皮管(附螺旋夹)，三角烧瓶，分液漏斗，研钵等。

试剂：蒸馏样品(八角或橙皮)，二氯甲烷，无水亚硫酸钠(分析纯)。

四、实验步骤

1. 样品准备

(1) 10g 八角干果(固体物质)于研钵中粉碎，倒入蒸馏瓶，加入蒸馏水 30mL。
(2) 2～3 个橙子皮，剪碎，置于蒸馏烧瓶中，并加入约 30mL 水。

2. 水蒸气蒸馏

先把 T 形管上的夹子打开，加热水蒸气发生器使水迅速沸腾，当有水蒸气从 T 形管的支管冲出时，再夹上止水夹，让水蒸气通入烧瓶中。与此同时，接通冷却水，用 100mL 三角烧瓶收集馏分。蒸馏期间，应及时排出 T 形管中的冷凝水。当馏分澄清透明不再有油状物时，即可停止蒸馏。先打开止水夹，然后停止加热，把馏分倒入分液漏斗中，静置分层，将水层弃去。

3. 样品分离

收集馏出液 60～70mL 于分液漏斗中，每次用 10mL 二氯甲烷萃取 3 次，合并。倒入锥形瓶中，加入适量无水亚硫酸钠干燥 30min 以上，除去部分水分。

4. 样品蒸馏

将干燥完毕的样品置于 50mL 蒸馏烧瓶，水浴加热蒸馏(二氯甲烷沸点 40.4℃)，待快完毕后，改用真空泵减压蒸馏。除去残留的二氯甲烷，留下油状产物。

五、思考题

(1) 与普通蒸馏相比，水蒸气蒸馏有何特点？在什么情况下适合采用水蒸气蒸馏法进行分离提取？
(2) 安全管为什么不能抵至水蒸气发生器的底部？
(3) 蒸馏过程中若发现水从安全管顶端喷出或发生倒吸现象，应如何处理？

实验六　从菊花地上部分中提取挥发油

一、实验目的

掌握菊挥发油的水蒸气蒸馏过程及油水的分离操作方法。

二、实验原理

菊(*Dendranthema morifolium*)是菊目菊科多年生草本植物，我国绝大部分地区均有栽培。菊内含有挥发油(其中主要是兰香油、龙脑、樟脑及樟油环酮等)、腺嘌呤、水苏碱、黄酮类等。主要功效为抗菌消炎和清热解毒，对病毒也有一定疗效。其中主要成分是兰香油。

本实验是根据有效成分可随水蒸气蒸馏出来的原理而进行的。

三、仪器与试剂

仪器：挥发油蒸馏装置，具塞分液漏斗，常规玻璃仪器等。

试剂：菊花地上部分(包括茎、叶和花)，硅胶 G 硬板，挥发油乙醚液，石油醚，乙酸乙酯，浓硫酸，5%香荚兰醛-浓盐酸溶液。

四、实验内容

1. 实验流程

菊挥发油提取工艺流程见图 4-3。

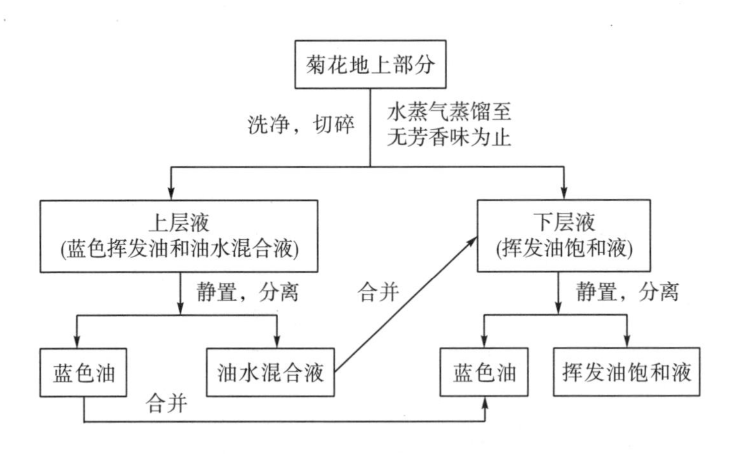

图 4-3 菊挥发油提取工艺流程

2. 实验步骤

安装水蒸气蒸馏装置，选取新鲜菊花整株，用剪刀剪碎成小块状，置于水蒸气蒸馏装置中。开启加热装置，打开冷凝水，进行水蒸气蒸馏。蒸馏过程中控制好蒸馏温度和冷凝液速率，当馏出液不混浊时，表明蒸馏已经完成，冷却后用分液漏斗分取挥发油。蒸出的挥发油在 0～5℃放置 1～2d，即有结晶析出，过滤得结晶，再用石油醚重结晶，得到产物。

产物称重，并计算产率。

3. 薄层层析

吸附剂：硅胶 G 硬板。

样　品：自制挥发油乙醚液。

展开剂：石油醚∶乙酸乙酯(5∶15)。

显色剂：浓硫酸、5%香荚兰醛-浓盐酸溶液(喷雾时要在通风橱内进行)。

五、注意事项

(1) 宜选新鲜菊花蒸馏，此时菊挥发油含量占鲜品的 0.1%～0.4%(mg/g)。

(2) 因挥发油会腐蚀橡皮，影响挥发油的质量及得率，故避免与橡皮类物质接触。

(3) 如菊花当天蒸馏不完，不可带水放置过夜，防止挥发油水解变质，否则蒸出的油为污绿色，且气味不正。

(4) 水蒸气发生器的装水量不宜超过其容积的 2/3，安全玻璃管应插到发生器底部，可以起到调节内压的作用。蒸馏瓶中装药量以不超过容积的 1/3 为宜，通入蒸汽的玻璃管应接近蒸馏瓶底。蒸馏过程中部分水蒸气会在蒸馏瓶瓶颈冷凝下来，使瓶内液体不断增加，故蒸馏瓶应小火加热。

(5) 蒸馏中断或结束时，须将水蒸气发生器与蒸馏瓶之间的三通环管螺旋夹打开，使其与大气相通，然后再停止加热，以防蒸馏瓶中的液体倒吸入水蒸气发生器内。

六、思考题

(1) 操作完成整个实验过程有何体会？

(2) 实验中应注意哪些问题？含油量与季节有何关系？粗油有何特性？

实验七　盐酸小檗碱的提取和鉴别

一、实验目的

(1) 了解水溶性生物碱的提取方法，掌握盐酸小檗碱的提取原理和方法。

(2)学习渗漉法提取天然产物的方法和具体操作。

(3)熟悉盐酸小檗碱的化学性质和鉴别方法。

二、实验原理

小檗碱又称黄连素，是广泛存在植物中的一种具有明显生理活性的化学成分。主要存在于黄连、黄柏、三颗针等中草药中。小檗碱具有广泛抗微生物和抗原虫作用，是临床上的一种广谱抗菌药，用其盐酸盐(盐酸小檗碱或盐酸黄连素)治疗细菌性感染，如痢疾、急性肠胃炎、呼吸道感染等病症。

小檗碱属于异喹啉类衍生物，有三种互变异构体，其中以季铵碱式结构最稳定，在自然界中也以这种结构最为常见。因此，游离小檗碱显较强的亲水性，能缓慢溶解在水中(1∶20)，在冷乙醇中溶解度为1∶100，易溶于热水或热乙醇中，但难溶于苯、氯仿、醚等有机溶剂。醛式和醇式小檗碱则具有一般生物碱通性，难溶于水，易溶于有机溶剂。但两种结构形式很不安定，容易转变为季铵碱式。

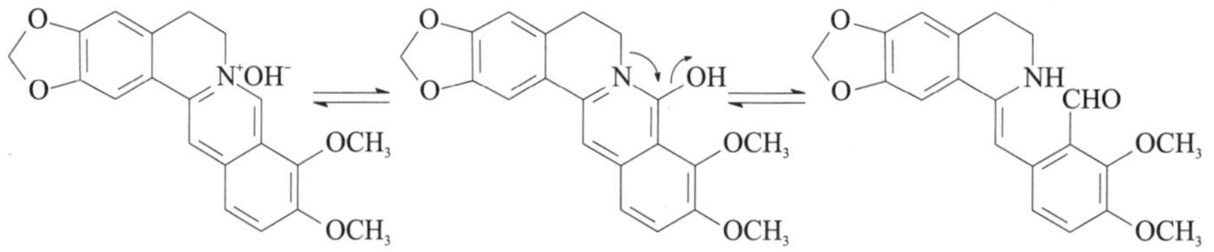

季铵式(红棕色)　　醇式(黄色)　　醛式(黄色)

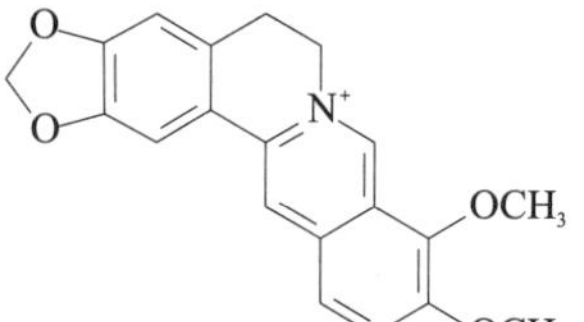

小檗碱(黄连素)

小檗碱属季铵碱，其游离态在水中的溶解度最大。而它的盐类以含氧盐在水中的溶解度较大，不含氧盐难溶于水，其盐酸盐在水中的溶解度则更小，本实验就是利用此性质结合盐析法提取小檗碱。

三、仪器与试剂

仪器：显微镜，粉碎机，真空干燥箱，电子天平，抽滤装置，渗漉装置等。

试剂：黄连或三颗针粉末，0.5%硫酸溶液，氧化钙，浓盐酸，精制食盐，乙醇，活性炭，丙酮，氢氧化钠，次氯酸钠，浓硝酸。

四、实验步骤

1. 提取

取黄连或三颗针根皮粉末 30g，加 0.5%硫酸溶液以润湿为度，放置 1h 后装入渗漉筒。加 0.5%硫酸溶液浸泡 24h 后渗漉，共收集相当于生药质量 10 倍量的渗漉液(如再收集渗漉液可作为以后渗漉液用)。用石灰乳调 pH 至 7，使杂质沉淀。抽滤，滤液用浓盐酸调 pH 至 1～2。加入精制食盐，使溶液含盐量达滤液体积的 5%～10%，搅拌至食盐完全溶解并出现微微浑浊为止。放置 30min 以上，待盐酸小檗碱完全析出后，倾去清液，以布氏漏斗抽干，得盐酸小檗碱粗品。

2. 精制

粗品用 6 倍量 70%乙醇回流溶解，加入粗品量 10%的活性炭脱色，趁热过滤，放置冷却，使盐酸小檗碱析出，抽滤，用少量 70%乙醇洗涤结晶使 pH 到 4 左右，再抽滤干，80℃以下烘干，即得精制盐酸小檗碱。

3. 鉴别

(1)取盐酸小檗碱约 0.05g，加蒸馏水 5mL 缓缓加热溶解，加 10%氢氧化钠试液 2 滴，显橙红色，溶液放冷过滤，取澄清溶液，加丙酮 4 滴，即发生混浊，放置后出现黄色丙酮小檗碱沉淀。

(2)取盐酸小檗碱少许，加稀盐酸 2mL，溶解后，加 1 滴次氯酸钠(或漂白粉溶液)即可产生樱红色。反应式如下：

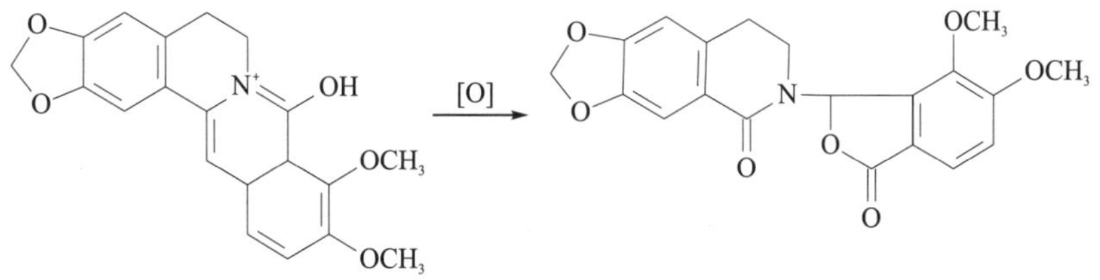

(3)取盐酸小檗碱水溶液加入浓硝酸(d=1.185)可得黄绿色硝酸小檗碱沉淀。

(4)取生药粉末少许，加乙醇 1 滴和 30%硝酸 2 滴润湿后，于显微镜下观察。当发现黄色结晶时，加热，若失去结晶形且粉末转为棕红色，可以认为含有小檗碱。

五、注意事项

(1)原料需进行粉碎，粉碎粒度不能太细，否则原料会堵塞出液口，影响渗漉液流出速度。

(2)原料润湿时加液量要适当，以完全润湿为准，要“捏之成团，动之即散”。

(3)原料装筒应分次装入，溶液加入要注意排气。可适当延长原料浸泡时间，浸泡溶液要高出原料一段，浸泡时间一般在24～48h。

(4)渗漉液流出速度要设置适当，可根据时间控制在1～3mL/min。

(5)提取过程的pH调节要力求准确。

六、思考题

(1)提取小檗碱的方法和提取生物碱的方法有何不同？为什么？

(2)写出从黄连或三颗针中提取小檗碱的操作流程。

实验八　从黄芩中提取黄芩苷

一、实验目的

了解从黄芩中提取黄芩苷的方法，进而掌握黄酮类苷的提取方法。

二、实验原理

黄芩中的黄酮类成分主要有黄芩苷、黄芩苷元、汉黄芩苷、汉黄芩苷元。供药用的黄芩素就是这些成分的混合物，其中黄芩苷的含量最多。经实验证实黄芩苷有镇静、解热及利尿等作用；黄芩苷元有抗菌作用。

黄芩苷是葡萄糖醛酸苷，分子中有羧基，多成盐类存在于黄芩中，易溶于水，其游离体难溶于水。因此，用水可将黄芩苷的盐类从黄芩中浸出，其浸出液加酸可使黄芩苷游离析出。

三、仪器与试剂

仪器：恒温水浴锅，分析天平，真空泵，抽滤瓶等。

试剂：黄芩粗粉，脱脂棉，层析滤纸，活性炭，浓盐酸，氢氧化钠，95%乙醇，甲醇，正丁醇，冰乙酸，氨水，三氯化铝(分析纯)。

四、实验步骤

1. 样品提取

称取黄芩粗粉 100g，装于 2000mL 烧杯中，加 8 倍量沸水，小火煮沸 1h，脱脂棉过滤。药渣再用 6 倍量水小火煮沸 0.5h，脱脂棉过滤，合并滤液。用浓盐酸调 pH 至 1～2，水浴上加热至 80℃，保温 0.5h，放置室温，析出沉淀，倾去上清液，抽干。将沉淀悬浮于 8 倍量水中，用 4%NaOH 调 pH 至 7，使其溶解，过滤。溶液中加少量活性炭，温热，过滤。滤液加等量的 95%乙醇，过滤。滤液加浓盐酸调 pH 至 2，加热至 50℃，保温 30min，析出黄芩苷粗品，倾出上清液，抽滤，水洗至 pH 为 5～6，再用少量乙醇调成糊状，抽干，即得黄芩苷。

2. 纸层析鉴别

对照品：黄芩苷饱和甲醇溶液。
样　品：自制黄芩素粗品饱和甲醇溶液。
支持剂：国产新华层析滤纸。
展开剂：正丁醇∶乙酸∶水=6∶2∶40。
显色剂：氨熏或喷 1%$AlCl_3$-乙醇溶液。

五、思考题

黄酮类苷和黄酮类苷元的提取分离有何不同?

实验九　葛根中黄酮类化合物的提取和分离

一、实验目的

(1) 了解异黄酮的性质。
(2) 了解盐析法的原理和操作。
(3) 学习氧化铝薄层层析法和纸层析法。

二、实验原理

葛根是豆科植物葛的根，含多种异黄酮类化合物，主要有大豆素酮、大豆素黄酮苷、葛根素、葛根黄苷等。其中，葛根黄苷是葛根素和*D*-木质糖形成的苷，糖结合位置未定。

本实验是根据黄酮苷的亲水性强，易溶于乙醇；黄酮苷元亲水性弱、亲脂性强，能溶于乙醇的性质，采用乙醇为溶剂，提取各种类型的黄酮。

凡是分子中有羧基或邻苯二酚基型结构的黄酮体能与乙酸铅及碱式乙酸铅反应，不具有上述结构的黄酮只能与碱式乙酸铅反应。葛根黄酮类就只能被碱式乙酸铅沉淀，因此用中性乙酸铅沉淀先除去杂质，然后用碱式乙酸铅分离黄酮体，铅盐沉淀通过硫化氢脱铅得到原来的黄酮成分。

黄酮类的分离一般不采用氧化铝柱层析分离法，因为很多黄酮类结构中都具有5-羟基或邻二羟基，与氧化铝结合较强，不易洗脱，不含邻二羟基和5-羟基的化合物可以应用，葛根中黄酮类化合物的分离就是一例。

临床证明葛根中异黄酮对治疗冠心病有效，大豆黄酮为葛根中具有解痉作用的部分。

三、仪器与试剂

仪器：回流装置，恒温水浴，蒸发皿，电热鼓风干燥箱，紫外灯，层析柱，启普发生器。

试剂：葛根，乙醇，饱和中性乙酸铅，饱和碱式乙酸铅，甲醇，氯化钾，正丁醇，氧化铝(分析纯)。

四、实验步骤

1. 样品提取

取粉碎的葛根粉末100g置于1000mL圆底烧瓶中，加300mL70%乙醇回流提取2h，过滤。残渣再用200mL 70%乙醇回流提取一次，过滤。合并两次醇提取液。于水浴上回收乙醇至剩余150mL，转移到烧杯中，加饱和中性乙酸铅溶液至不再有新沉淀生成。抽滤，沉淀用水洗两次后悬浮在150mL甲醇中，通入硫化氢分解铅盐沉淀，滤取甲醇溶液，沉淀用甲醇洗2～3次，洗液与甲醇溶液合并，中和至pH为6.5～7.0。于水浴上减压回收甲醇，至剩下30～40mL，转移至蒸发皿中蒸干，即可得到总黄酮。

2. 薄层层析

取少量总黄酮用乙醇溶解，以20% KCl溶液为移动相，进行纸层析，层离后用铅笔划下前沿，在烘箱中烤干后，在紫外灯下观察有几个荧光斑点，划下位置，求出 Rf 值。

根据文献，大豆黄铜的 Rf 值为 0.04，大豆黄苷的 Rf 值为 0.28，葛根素的 Rf 值为 0.05。

3. 柱层析

(1) 装柱。先量取一定体积的水饱和正丁醇(V_0)在层析柱中先装入 1/4 柱高度的溶剂，取氧化铝 100g(200 目)悬浮在水饱和正丁醇中，将层析柱的活塞销打开，使溶剂滴入接收器内，同时将氧化铝慢慢加入。氧化铝加入速度不宜太快，否则将带入空气泡而破坏层析柱，必要时可在层析柱外轻轻给予振动，使氧化铝均匀下降，并有助于氧化铝带入气泡的外溢。氧化铝加完后，仍使溶剂流动一定时间，直到吸附剂的沉降不再变动。此时，在吸附剂面上加少许棉花，将多余的洗脱剂放出，直至洗脱剂的液面和吸附剂的界面相近时，量取接收器内的溶剂量(V_1)，从 $V_0 - V_1$ 就可知道氧化铝柱内溶剂的体积，这样在层析过程中就便于掌握大致在什么时候开始接收流分，在交换溶剂时，知道新换溶剂大致在何时开始流出。

(2) 加样和洗脱。将葛根总黄酮用水饱和正丁醇溶解，轻轻注入氧化铝柱内，勿使氧化铝柱面受到扰动，待样品溶液完全流入柱内时再加洗脱剂(水饱和正丁醇)，洗脱剂要连续加入，保持液面有一定高度。在紫外灯光下，观察柱上分离的各个荧光带，最下端的荧光带为 *a*，向上顺次为 *b*、*d*、*e*、*f*、*g*、*h*、*i*、*j* 等荧光带，*b* 和 *d* 之间无荧光部分 *c*。分段接收洗脱液，可使葛根总黄酮中各化合物得以分离(*b* 部分经减压回收溶媒，残渣用 50%溶媒再结晶能得到大豆黄酮；*c* 部分能得到大豆黄苷；*e* 部分为葛根素；*f* 部分为葛根黄苷，本次实验暂时不做此部分)。

五、思考题

(1) 本实验中是否可以省去中性乙酸铅沉淀的步骤？是否可以省去碱式乙酸铅步骤？为什么？

(2) 如果不用硫化氢法除去铅，还可以用什么方法除铅？

(3) 比较纸层析上斑点次序和柱层析带次序有无不同，原因是什么？

实验十　从槐花米中提取芦丁

一、实验目的

(1) 学习黄酮苷类化合物的提取方法。

(2) 掌握趁热过滤及重结晶等基本操作。

二、实验原理

芦丁(rutin)又称芸香苷(rutioside)，有调节毛细血管壁渗透性的作用，临床上用作毛细血管止血药和高血压症的辅助治疗药物。

芦丁存在于槐花米和荞麦叶中，槐花米是槐系豆科槐属植物的花蕾，芦丁含量高达12%～16%，荞麦叶中含8%。芦丁属黄酮类化合物，黄酮类化合物多为结晶性固体，少数为无定形粉末。黄酮、黄酮醇及其苷类多为灰黄至黄色；黄酮苷元难溶或不溶于水，易溶于乙醇、氯仿等有机溶剂中；黄酮苷类则易溶于水、甲醇等强极性溶剂，难溶或不溶于苯、氯仿等有机溶剂。由于黄酮类化合物多数含有酚羟基，故显酸性，可溶于碱性水溶液(如碳酸钠水溶液)和碱性有机溶剂(如吡啶、甲酰胺)；黄酮类化合物的吡喃酮环上的1-为氧原子，因有未共用电子对，故表现微弱的碱性，可与强酸如浓硫酸、盐酸等成盐，但极不稳定，加水后即分解。

芦丁为浅黄色粉末或极细微淡黄色针状结晶，含3分子结晶水($C_{27}H_{30}O_{16}\cdot 3H_2O$)，加热至185℃以上熔融并开始分解。芦丁可溶于乙醇、吡啶、甲酰胺、甘油、丙酮、冰醋酸、乙酸乙酯中，不溶于苯、乙醚、氯仿、石油醚。芦丁的溶解度，在冷水中为1∶10000，沸水中为1∶200，沸乙醇中为1∶60，沸甲醇中为1∶7。芦丁分子中具有较多酚羟基，显弱酸性，易溶于碱液中，酸化后又可析出，因此可以用碱溶酸沉的方法提取芦丁。

黄酮类化合物的基本结构和芦丁的化学结构式如下。

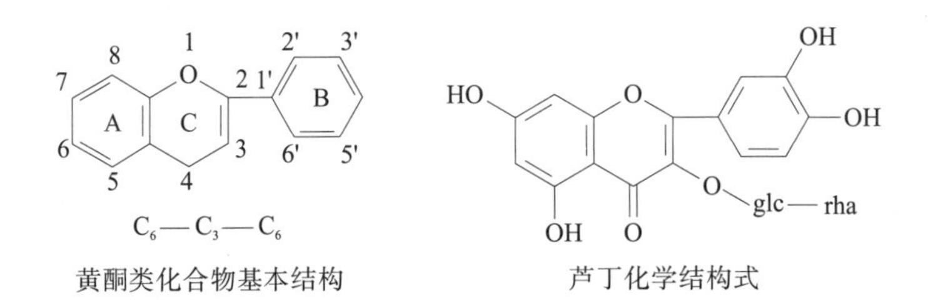

黄酮类化合物基本结构　　芦丁化学结构式

三、仪器与试剂

仪器：电炉，真空泵，研钵，烧杯，抽滤装置，布氏漏斗等。

试剂：槐花米，饱和石灰水溶液，15%盐酸。

四、实验流程

槐花米提取芦丁工艺流程如图4-4所示。

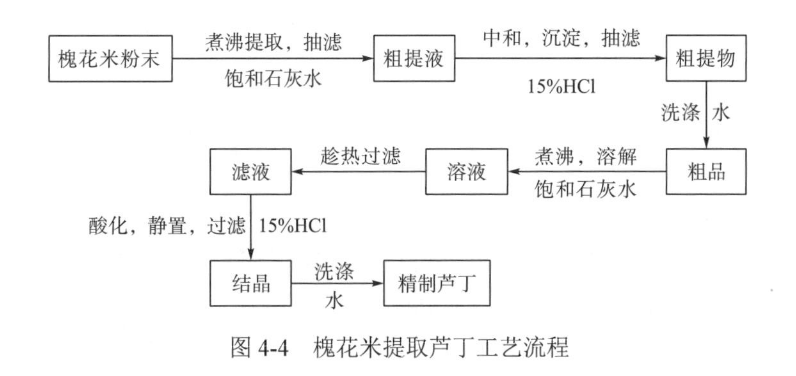

图 4-4　槐花米提取芦丁工艺流程

五、实验步骤

称取 15g 槐花米于研钵中研成粉状物，置于 500mL 烧杯中，加入 30mL 饱和石灰水溶液，于石棉网上加热至沸腾，并不断搅拌，煮沸 15min 后，抽滤。滤渣再用 100mL 饱和石灰水溶液煮沸 10min，抽滤。合并两次滤液，然后用 15% HCl 中和(约需 10mL)，调节 pH 为 3～4。放置 1～2h，使沉淀完全，抽滤，沉淀物用水洗涤两三次，得到芦丁的粗产物。

将制得的粗芦丁置于 500mL 烧杯中，加水 150mL，于石棉网上加热至沸，不断搅拌并慢慢加入约 50mL 饱和石灰水溶液，调节溶液的 pH 为 8～9，待沉淀溶解后，趁热过滤。滤液置于 500mL 烧杯中，用 15%盐酸调节溶液的 pH 为 4～5，静置 30min，芦丁以浅黄色结晶析出，抽滤，产品用水洗涤 1～2 次，烘干后重约 1.5g，熔点 174～176℃(文献值为 174～178℃)。

六、注意事项

(1)加入饱和石灰水溶液既可以达到碱溶解提取芦丁的目的，又可以除去槐花米中大量多糖黏液质。也可直接加入 150mL 水和 5g$Ca(OH)_2$粉末，而不必配成饱和溶液，第二次溶解时只需加 100mL 水。

(2)pH 过低会使芦丁形成盐而增加水溶性，降低收率。

实验十一　人参中人参皂苷的提取分离及鉴定

一、实验目的

(1)通过实验进一步掌握三萜类化合物的理化性质及提取、分离和检识方法。

(2)学习和掌握简单回流提取法、两相溶剂萃取法、旋转蒸发器、大孔树脂柱色谱等的实验操作技能。

二、实验原理

人参(*Panax ginseng* C.A. Mey.)为伞形目五加科植物，是传统的名贵中药，始载于我国第一部本草专著《神农本草经》。其栽培者称为“园参”，野生者称为“山参”。人参具有大补元气、复脉固脱、补脾益肺、生津、安神的功能，用于体虚欲脱、肢冷脉微、脾虚食少、肺虚喘咳、津伤口渴、内热消渴、久病虚羸、惊悸失眠、阳痿宫冷、心力衰竭、心源性休克等的治疗。

人参的化学成分很复杂，有皂苷、挥发油、糖类及维生素等。经现代医学和药理研究证明，人参皂苷为人参的主要有效成分，它具有人参的主要生理活性。人参的根、茎、叶、花及果实中均含有多种人参皂苷(ginsenoside)。截至 2019 年，文献报道从人参根及其他部位已分离确定化学结构的人参皂苷有 50 余种。

根据皂苷元的结构人参皂苷可分为 A、B、C 三种类型：①人参二醇型-A 型；②人参三醇型-B 型；③齐墩果酸型-C 型。A 型和 B 型皂苷均属四环三萜皂苷，其皂苷元为达马烷型四环三萜，A 型皂苷元称为 20(S)-原人参二醇[20(S)-protopanaxadiol]。B 型皂苷元称为 20(S)-原人参三醇[20(S)-protopanaxatriol]。C 型皂苷则是齐墩果烷型五环三萜的衍生物，其皂苷元是齐墩果酸(oleanolic acid)。

(1)人参二醇型-A 型：

	R_1	R_2
20(S)-原人参二醇	H	H
人参皂苷 Ra$_1$	glc(2→1)glc	glc(6→1)ara(p)(4→1)xyl
人参皂苷 Ra$_2$	glc(2→1)glc	glc(6→1)ara(f)(4→1)xyl
人参皂苷 Rb$_1$	glc(2→1)glc	glc(6→1)
人参皂苷 Rb$_2$	glc(2→1)glc	glc(6→1)ara(p)
人参皂苷 Rc	glc(2→1)glc	glc(6→1)ara(l)
人参皂苷 Rd	glc(2→1)glc	glc
人参皂苷 Rg$_3$	glc(2→1)glc	H
人参皂苷 Rh$_2$	glc(2→1)glc	H

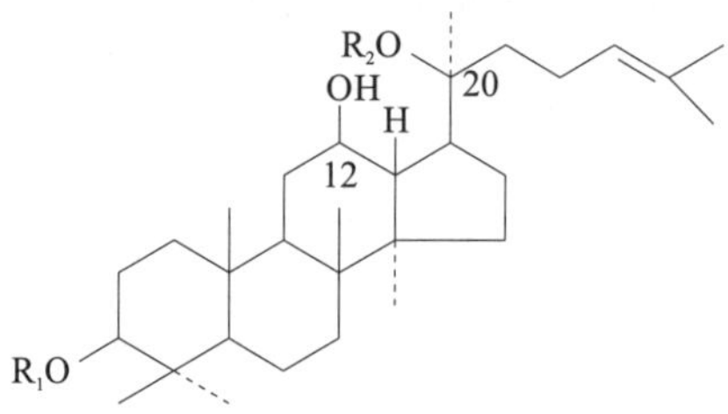

(2) 人参三醇型-B 型：

	R_1	R_2
20(S)-原人参二醇	H	H
人参皂苷 Re	glc(2→1)rha	glc
人参皂苷 Rf	glc(2→1)glc	H
人参皂苷 Rg_1	glc	glc
人参皂苷 Rg_2	glc(2→1)rha	H
人参皂苷 Rh_1	glc	H

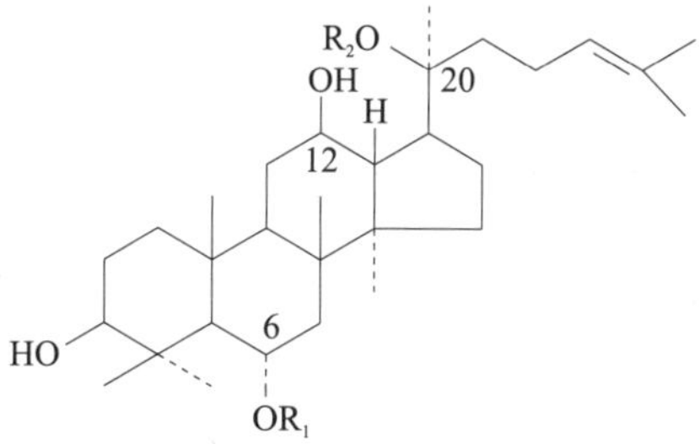

(3) 齐墩果酸型-C 型：

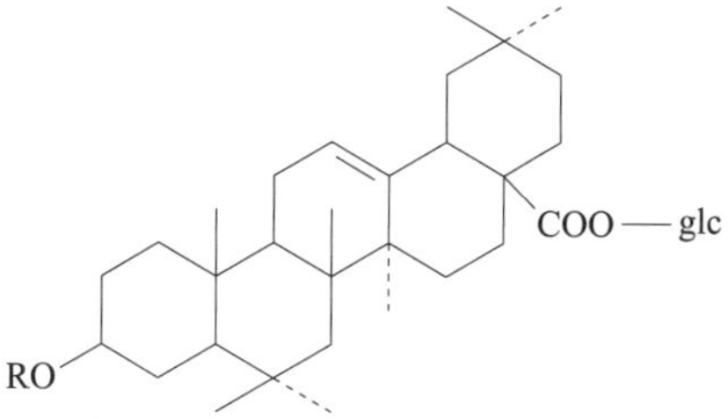

人参皂苷RO R=glc A(2→1)glc

人参的主要成分为人参皂苷，总皂苷含量约 4%，人参皂苷大多数是白色无定形粉末或无色结晶，味微甘苦，具有吸湿性。人参皂苷易溶于水、甲醇、乙醇，可溶于正丁醇、乙酸、乙酸乙酯，不溶于乙醚、苯等亲脂性有机溶剂。水溶液经振摇后可产生大量泡沫。人参总皂苷无溶血作用，分离后，B 型和 C 型人参皂苷有显著的溶血作用，而 A 型人参皂苷有抗溶血作用。

人参中除含有皂苷外，还含有脂溶性成分如挥发油、脂肪、甾体化合物及大量的糖类等，这些成分对人参皂苷的分离和精制有干扰，所以必须除去，方可得到纯度较高的皂苷。

本实验以人参根为原料提取分离人参总皂苷，利用人参总皂苷易溶于甲醇、不溶于乙醚的性质采用溶剂法进行初步提取去杂；然后根据皂苷在含水丁醇中有较好的溶解度的性质采用萃取法进行分离；再用沉淀法或大孔吸附树脂法进一步分离精制；对提取的总皂苷采用检测三萜类化合物通性的理化检识方法——泡沫试验及显色反应进行初步定性检识；最后根据人参总皂苷中各单体皂苷分子结构中糖基数和羟基数不同而极性大小不同的性质，通过薄层色谱法进一步分离和专属定性检识人参总皂苷。

三、仪器与试剂

仪器：索氏提取器，加热装置，减压蒸馏装置，分液漏斗，60 目筛，滤纸，烧杯，试管，D101 型大孔树脂柱(包括泵及软管)，水浴锅，硅胶-CMC 薄层板，超声波仪，展层缸，紫外灯等。

试剂：人参根，甲醇，乙醚，丙酮(分析纯)，三氯化锑–氯仿饱和溶液(①精馏氯仿：用蒸馏水洗涤市售氯仿两三次，加一些煅烧过的碳酸钠或无水硫酸钠进行干燥，并在暗色烧瓶中蒸馏。②三氯化锑–氯仿饱和溶液：用少量精馏氯仿反复洗涤三氯化锑，直到氯仿不再显色为止。再将三氯化锑放在干燥器中，用硫酸干燥。用干燥的三氯化锑和精馏氯仿配制饱和溶液)，正丁醇，浓硫酸，冰乙酸，乙酸酐，20%五氯化锑的氯仿溶液(或不含乙醇和水的三氯化锑饱和的氯仿溶液)，乙酸乙酯，乙醇，人参皂苷 Rb_1、Re、Rg_1 对照品。

四、实验内容

1. 人参总皂苷的提取分离

方案一：先提取再脱脂，具体流程见图 4-5。

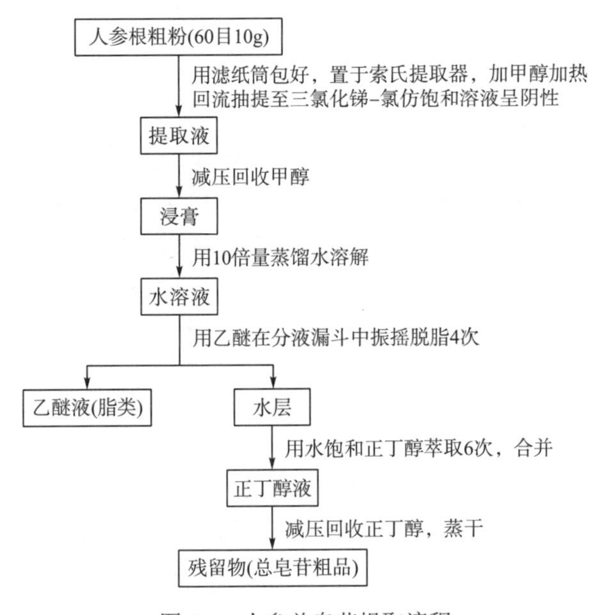

图 4-5 人参总皂苷提取流程

方案二：先脱脂再提取。先将人参根粗粉用 10 倍量乙醚在索氏提取器中回流脱脂至无色，再以脱完脂的残渣为原料，其余步骤按方案一进行。

2. 人参总皂苷的分离精制

将人参总皂苷粗品分为两份，可分别采用以下两种方法进行处理。

1)沉淀法

沉淀法分离精制人参总皂苷的流程见图 4-6。

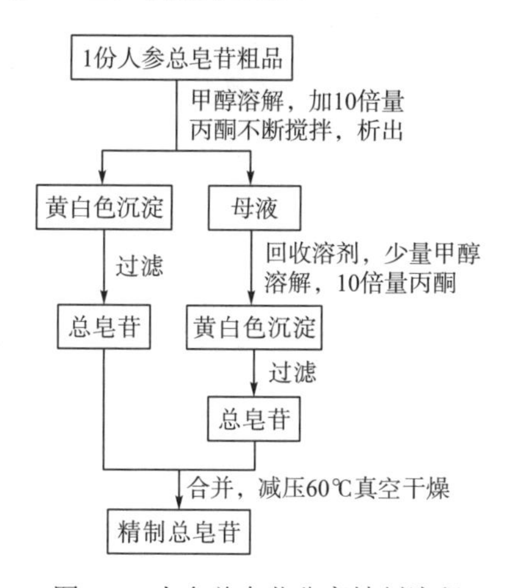

图 4-6　人参总皂苷分离精制流程

2)大孔树脂柱色谱法

大孔树脂色谱是近年来用于分离和富集天然化合物的一种常用方法。应用大孔树脂分离皂苷，主要用于皂苷的富集和初步分离(图 4-7)。将含有皂苷的水溶液通过大孔树脂柱吸附后，先用水洗脱除去糖和其他水溶性杂质，然后改用不同浓度的甲醇或乙醇进行梯度洗脱。极性大的皂苷可被低浓度的甲醇或乙醇洗脱下来，极性小的皂苷则被高浓度的甲醇或乙醇洗脱下来。

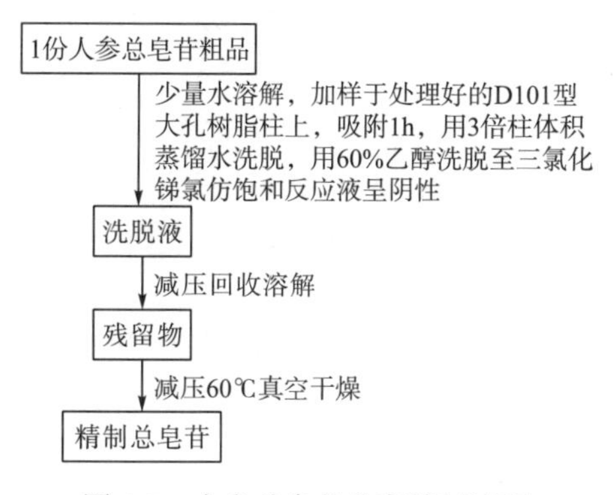

图 4-7　人参总皂苷分离精制流程

3. 人参皂苷的鉴定

1)理化检识

(1)泡沫试验。

取人参根粗粉 1g，加水浸泡(1∶10)1h 或置 80℃水浴上温浸 30min，过滤得滤液供以下试验用。

取供试液 2mL 于试管中，紧塞试管口后猛力振摇，试管内液体则产生大量持久性的似蜂窝状的泡沫(表示有皂苷)。

注：含蛋白质和黏液质的水溶液虽也能产生泡沫，但不持久，静置很快消失。

(2)显色反应。

①乙酸酐-浓硫酸反应(Liebermann-Burchard 反应)：取样品适量，加冰乙酸 0.5mL 使其溶解，续加乙酸酐 0.5mL 搅匀，再于溶液的边沿滴加 1 滴浓硫酸，观察并记录现象。

②三氯甲烷-浓硫酸反应(Salkowski 反应)：取样品适量，加三氯甲烷 1mL 使其溶解，沿试管壁加等量的浓硫酸，分别置于可见光及紫外灯下观察并记录现象。

③ 五氯化锑反应(Kahlenberg 反应)：取样品适量，加五氯化锑的氯仿溶液反应呈紫色。或将样品的氯仿或醇溶液点于滤纸上，喷 20%五氯化锑的氯仿溶液(或不含乙醇和水的三氯化锑饱和的氯仿溶液)，干燥后 60～70℃加热，显色，观察并记录现象。

2)色谱检识(薄层色谱)

吸附剂：硅胶-CMC 薄层板。

样品溶液：称取由沉淀法及大孔吸附树脂法制得的精制人参总皂苷各一份，加甲醇制成 1mL 含 2mg 样品的溶液。

对照品溶液：称取人参皂苷 Rb_1、Re、Rg_1 对照品，加甲醇制成 1mL 含 2mg 对照品的混合溶液。

对照药材溶液：取人参对照药材粉末 1g，加氯仿 40mL，置水浴上回流 1h，弃去氯仿液，药渣挥干残存溶剂，加 0.5mL 水拌匀湿润后，加水饱和的正丁醇 10mL，超声处理 30min，吸取上清液，加氨试液 3 倍量，摇匀，放置分层，取上层液蒸干，加甲醇溶解，使其体积至 1mL，作为对照药材溶液。

展开剂：①氯仿-甲醇-水(65∶35∶10)10℃以下放置后的下层溶液；②氯仿-乙酸乙酯-甲醇-水(15∶40∶22∶10) 10℃以下放置后的下层溶液。

显色剂：10%硫酸乙醇溶液。

显色方式：10%硫酸乙醇溶液喷雾后，105℃加热至斑点显色清晰。分别置日光及紫外灯(365nm)下检视。

五、实验说明及注意事项

(1) 萃取操作时，振摇不能过度剧烈，以防产生乳化现象。

(2) 在使用旋转蒸发器进行甲醇提取液减压浓缩时，因含皂苷易产生大量泡沫容易发生倒吸现象。故应注意观察，随时调整水浴温度及旋转蒸发器转速，避免发生事故。

(3) 在连续回流提取过程中，水浴温度不宜过高，应与溶剂沸点相适应。此外，可加快冷凝水的流速，增加冷凝效果。

(4) 回收乙醚的蒸馏操作，不必另换蒸馏装置，只需将索氏提取器中的滤纸筒取出，再照原样装好，继续加热回收烧瓶中的溶剂，待溶剂液面增加至高于虹吸管顶部弯曲处 1cm，暂停回收，取下提取器，将其中的乙醚移置其他容器中。如此反复操作，即可完成回收乙醚的操作。

(5) 在连续提取过程中，欲检查有效成分是否提取完全，可取提取器中提取液数滴，滴于白瓷皿中，挥散溶剂，观察有无残留物，或滴于滤纸片上，然后进行乙酸酐-浓硫酸反应或三氯化锑-氯仿饱和溶液反应。若反应呈阴性，表示已提取完全。

(6) 大孔树脂在使用前应按说明书处理好，加乙醇浸泡 24h 后，再用乙醇洗脱至流出液与 3 倍水混合后不混浊，继续用蒸馏水洗至无醇为止，备用。

六、思考题

(1) 三萜皂苷可用哪些反应进行鉴定？如何与甾体皂苷区别？

(2) 试设计一种从人参茎叶中提取分离人参总皂苷的工艺流程，并说明提取、分离原理。

(3) 使用乙醚作提取溶剂时，操作中应注意哪些事项？

实验十二　β-胡萝卜素和番茄红素的提取分离与测定

一、实验目的

(1) 掌握从胡萝卜或番茄中提取分离 β-胡萝卜素和番茄红素的原理与方法。

(2) 巩固用柱色谱和薄层色谱分离、检测有机化合物的实验技术。

(3) 学会用分光光度法测定 β-胡萝卜素和番茄红素的方法。

二、实验原理

β-胡萝卜素和番茄红素分子中的碳骨架是由 8 个异戊二烯单位连接而成的，它们是四萜类化合物。它们的分子中都有一个较长的 π-π 共轭体系，能吸收不同波长的可见光。因此，它们都呈现一定的颜色。β-胡萝卜素是黄色物质，番茄红素是红色物质，所以，又把它们称为多烯色素。

胡萝卜素是最早发现的一个多烯色素。后来，又发现了许多在结构上与胡萝卜素类似的色素，于是就把这类物质称为胡萝卜色素类化合物，或者称为类胡萝卜素。这类化合物大都难溶于水，易溶于弱极性或非极性的有机溶剂，因此又把这类物质称为脂溶性色素。

番茄红素是胡萝卜素的开链异构体。番茄红素在成熟的红色植物果实如番茄、西瓜、胡萝卜、草莓、柑橘等中含量最高，其中含量最多的是番茄。由于番茄红素不具有维生素 A 原活性，因此长期以来不被人们所重视。但近年来的研究表明，番茄红素是一种优越的天然色素和生物抗氧化剂，它可以预防前列腺癌、乳腺癌和消化道(结肠、直肠与胃)癌的发生，在预防心血管疾病、动脉硬化等各种与衰老有关的疾病及增强机体免疫力方面具有重要作用。正因如此，近年来国内外对番茄红素的研究方兴未艾，不仅有大量的研究文章公开发表，而且有一些相关产品面市。番茄红素作为新型保健食品、食品添加剂、化妆品和药品，具有广阔的市场前景。

β-胡萝卜素和番茄红素的分子式均为 $C_{40}H_{56}$，分子量为 536.85；β-胡萝卜素的熔点为 184℃，番茄红素的熔点为 174℃。β-胡萝卜素和番茄红素是不饱和碳氢化合物，难溶于甲醇、乙醇，可溶于乙醚、石油醚、正己烷、丙酮，易溶于氯仿、二硫化碳、苯等有机溶剂。

根据 β-胡萝卜素和番茄红素的上述性质，可利用石油醚、乙酸乙酯等弱极性溶剂将它们从植物原料中浸提出来。然后，根据它们对吸附剂吸附能力的差异，用柱色谱进行分离，用薄层色谱检测分离效果。并根据它们在可见光区有强烈吸收的性质，用紫外-可见分光光度法进行测定，β-胡萝卜素的最大吸收峰为 451nm，番茄红素的最大吸收峰为 472nm。

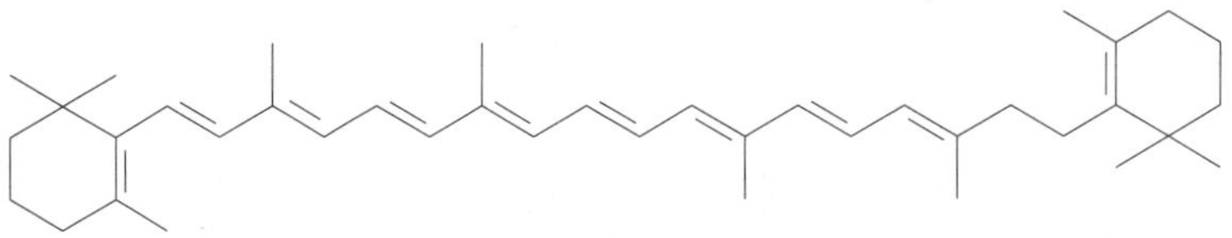

β-胡萝卜素

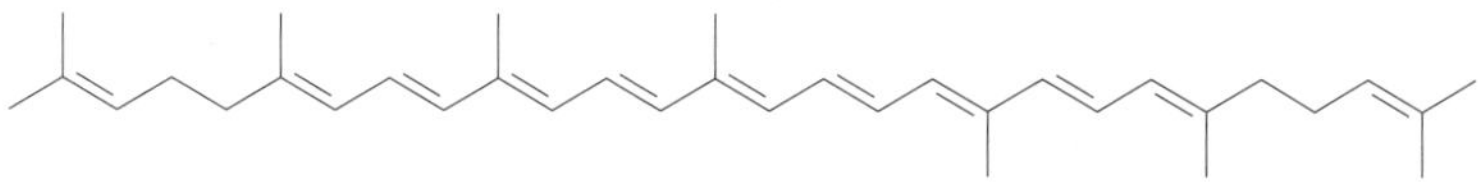

番茄红素

三、仪器与试剂

仪器：三角瓶(50mL)，分液漏斗(150mL)，蒸馏瓶(50mL)，普通蒸馏装置(或减压蒸馏装置)，色谱柱，硅胶薄层板，量筒，烧杯，试管，分光光度计，层析缸。

试剂：番茄(或番茄酱)或胡萝卜，食盐，丙酮，乙酸乙酯，石油醚(60～90℃)，乙醇，无水硫酸镁，氧化铝(层析用，100～200 目)，硅胶(层析用，200～300 目)，无水硫酸钠，石油醚(60～90℃)∶乙醇(2∶1)(*V/V*)，石油醚∶丙酮(3∶2)(*V/V*)。

四、实验内容

1. 类胡萝卜素的提取

方法一：

(1)称取 20g 新鲜番茄果肉，捣碎，置于 50mL 三角瓶中，再加入 5g 食盐，用玻棒搅拌，使食盐与番茄果肉充分混合均匀，静置一定时间，便会看到果肉组织中的水分大量渗出。脱水时间持续 15～30min。随后将脱除下来的水分滤入 150mL 分液漏斗中。

(2)向经过食盐脱水的番茄果肉中加入 10mL 丙酮，用玻璃棒搅拌，并静置 5～10min。然后将丙酮提取液也滤入分液漏斗中。

(3)向经过丙酮处理的番茄果肉加入 10mL 乙酸乙酯，浸提 5min。浸提过程中应不时振摇三角瓶，使番茄果肉与溶剂充分接触；若室温过低，可将三角瓶置于温水浴中温热，但应注意不能使浸提溶剂明显挥发损失。5min 后将提取液也滤入分液漏斗中，并用玻璃棒轻压残渣尽量使溶剂流尽。再用乙酸乙酯重复提取 2 次，每次 10mL，合并提取液至分液漏斗中。

(4)充分振摇分液漏斗中的混合溶液，静置，完全分层后，弃去水层，有机层(酯层)用蒸馏水洗 2 次，每次 8～10mL，弃去水层。酯层自分液漏斗上口倒入干燥的小三角瓶中，加入适量无水硫酸镁(或无水硫酸钠)干燥 15min(注意：应避光)。

(5)干燥后的酯层滤入 50mL 干燥的蒸馏瓶中，水浴加热，小心蒸馏(最好减压蒸馏)浓缩至 1～2mL。所得浓缩液即为类胡萝卜素样品。

方法二：

称取 20g 新鲜番茄果肉，捣碎，置于 50mL 三角瓶中，用 15mL 石油醚(60～90℃)与乙醇的混合溶剂(2∶1，*V/V*)浸提 5min。然后将提取液滤入 150mL 分液漏斗中。再用石油醚-乙醇混合溶剂重复提取 2 次，每次 15mL。合并提取液至分液漏斗中。余下步骤同方法一(4)、(5)。

2. 类胡萝卜素的柱色谱分离

方法一：选一支 1.5cm×20cm 的色谱柱，使用层析用氧化铝(100～200 目)作为吸附剂，干法装柱，高度 10～20cm，要求紧密匀实。分离方式为梯度洗脱，第一步用石油醚(60～90℃)洗脱。先沿色谱柱管壁滴加 5～8mL 石油醚至柱体(各方向要均匀)，待溶剂液面降至氧化铝柱面顶端时，用滴管迅速地小心滴加 5～10 滴样品至柱中，待样品液面即将在柱面上消失时，沿管壁小心滴加石油醚 3～5 滴，冲洗粘在管壁上的有色物质。如此重复操作三四次，直至管壁冲洗干净为止。随后，在管内加入尽可能多的石油醚进行洗脱，第一步收集到的洗脱液为黄色。待洗脱液清亮无色后用石油醚∶丙酮=3∶2(*V*/*V*)混合液洗脱。第二步收集到的洗脱液为红色。最后用丙酮将前两步不能洗脱的剩余组分洗脱下来。分别收集三步洗脱液，用作薄层色谱检测及分光光度法测定。

方法二：操作步骤与方法一基本相同，只是分离方式不一样。本方法用石油醚作流动相进行洗脱，分别接收不同颜色的洗脱液，供后续实验操作用。并将本方法的分离效果与方法一进行比较。

3. 薄层色谱检测

对前面得到的类胡萝卜素样品以及柱色谱分离得到的样品分别进行薄层分析，以检查柱色谱分离效果。薄层层析板预先用硅胶 G 制备并活化(110℃，1h)，展开剂为石油醚(60～90℃)∶丙酮=3∶2(*V*/*V*)。薄层分离后观察斑点位置，计算各斑点的 Rf 值，并明确各斑点归属。

在本实验条件下，薄层检测结果为：β-胡萝卜素，黄色，Rf 值为 0.89；番茄红素，深红色，Rf 值为 0.84。

4. 分光光度法测定

取柱色谱分离后得到的样品，用石油醚适当稀释至仪器测量范围，然后用 721 型分光光度计分别在 420～520nm 范围测定它们的光密度 E，并做出 E-λ 曲线(每隔 10nm 测定一次光密度)。指出各自最大吸收峰 λ_{max}，并与标准吸收对照鉴定。

五、注意事项

(1)新鲜番茄果肉组织中含有大量水分，类胡萝卜素处在含水量很高的细胞环境中，有机溶剂不易渗透进去。因此，为了提高提取效率，减少提取溶剂用量，应首先用食盐对番茄果肉进行脱水处理。经食盐一次脱水处理后，番茄果肉里仍然含有一定的水分，致使所用提取溶剂仍不能很好地将类胡萝卜素溶出，故选用弱极性溶剂丙酮对其进一步脱水，同时也会溶出部分类胡萝卜素。为了最大限度地减少类胡萝卜素的损失，故应将前步脱除下来的水分及这一步的丙酮浸提液都滤入分液漏斗中合并处理。经丙酮处理后的番茄果肉便可直接加有机溶剂浸提。如果用番茄酱或胡萝卜做原料提取类胡萝卜素，食盐脱水及丙酮进一步脱水处理可以省去。

(2)浓缩提取液时应当用水浴加热蒸馏瓶，最好用减压蒸馏，而且不可蒸得太快、太干，以免类胡萝卜素受热分解破坏。

(3)如用乙酸乙酯提取类胡萝卜素，提取液浓缩至 1～2mL 后，应停止蒸馏，拆卸仪器，将蒸馏瓶敞口，让剩余的乙酸乙酯挥发至干，然后加适量石油醚溶解，所得溶液即为类胡萝卜素样品，用于下一步实验。切不可将经过浓缩的乙酸乙酯提取液直接用于柱色谱分离。

(4)在提取及柱色谱分离操作中，本实验分别提供了两种方法。实验过程中，可将全班学生分为两批，分别按不同方法进行实验，实验结束后，再让学生通过比较得出应有的结论。

六、思考题

(1)根据本实验结果，试提出一个从植物材料中提取分离和鉴定植物色素的一般流程。

(2)柱色谱分离类胡萝卜素实验中，黄色物质、红色物质各是什么色素？试就实验现象做出解释。

(3)在类胡萝卜素的薄层色谱检测中，你观察到了几个斑点？它们的 Rf 值各是多少？如实记录实验现象，并对实验现象做出解释。

实验十三　穿山龙中薯蓣皂苷元的提取分离及鉴定

一、实验目的

(1)掌握甾体皂苷元的理化性质。

(2)掌握甾体皂苷元(亲脂性、中性成分)的提取分离方法。

(3)掌握甾体皂苷元的检识方法。

二、实验原理

薯蓣皂苷元俗称薯蓣皂素，存在于薯蓣科(Diocoreaceae)植物中，含量为 1%～

3%。我国薯蓣科植物资源丰富，种类繁多，分布广泛。其中作为薯蓣皂苷元生产原料的植物主要有盾叶薯蓣（*Dioscorea zingiberensis* C.H.Wright）俗称黄姜、穿山龙薯蓣（*Dioscorea nipponica* Makino）俗称穿山龙。可以用它们的根茎作为原料提取薯蓣皂苷元。薯蓣皂苷属甾体皂苷，水解可得薯蓣皂苷元。这种甾体皂苷元，是近代制药工业中合成甾体激素和甾体避孕药的重要原料。

薯蓣皂苷（dioscin）为无定形粉末或针状结晶，可溶于甲醇、乙醇、甲酸，难溶于丙酮和弱极性有机溶剂，不溶于水。薯蓣皂苷元（diosgenin）为白色粉末，可溶于有机溶剂及甲酸中，不溶于水。

薯蓣皂苷元在植物体内与糖结合成苷，经水解（酸水解、酶水解）可得薯蓣皂苷元和糖。利用薯蓣皂苷元不溶于水，溶于有机溶剂的性质，用石油醚连续回流提取，可将其从原植物中提取出来。

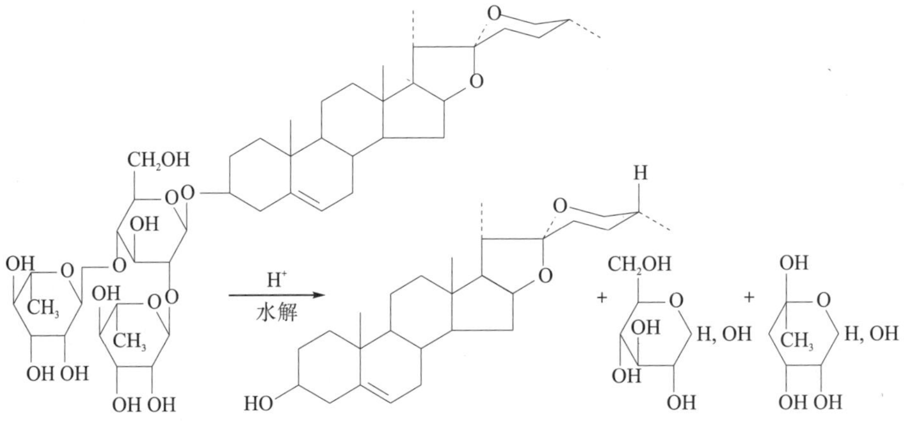

薯蓣皂苷 $\xrightarrow[\text{水解}]{H^+}$ 薯蓣皂苷元 + *D*-葡萄糖 + *L*-鼠李糖

三、仪器与试剂

仪器：电热套，圆底烧瓶，冷凝管，纱布，乳钵，pH 试纸，烘箱，试管，水浴锅，索氏提取器等。

试剂：穿山龙粗粉，碳酸钠，蒸馏水，95%乙醇，磷钼酸，石油醚（60～90℃），乙酸酐，三氯甲烷，浓硫酸（分析纯）等。

四、实验内容

1. 预试验

1）泡沫试验

取穿山龙粗粉 1g，加水浸泡（1∶10）1h 或置 80℃水浴上温浸 30min，过滤得滤液供后续操作使用。

取供试液 2mL 于试管中，紧塞试管口后猛力振摇，试管内液体则产生大量持久性的似蜂窝状的泡沫(表示有皂苷)。

注：含蛋白质和黏液质的水溶液虽也能产生泡沫，但不持久，静置很快消失。

2)溶血试验

取 2%血球悬浮液 1mL，加生理盐水 8mL，再加用于泡沫试验的滤液 1mL，混合均匀后放置，几分钟内溶液由红色混浊变成红色透明，产生溶血现象(表示有皂苷)。

注：此试验可同时作空白对照以比较试验现象。操作方法相同，只以生理盐水 1mL 代替供试液即可。

2. 薯蓣皂苷元的提取、分离

穿山龙粗粉提取薯蓣皂苷元的工艺流程见图 4-8。

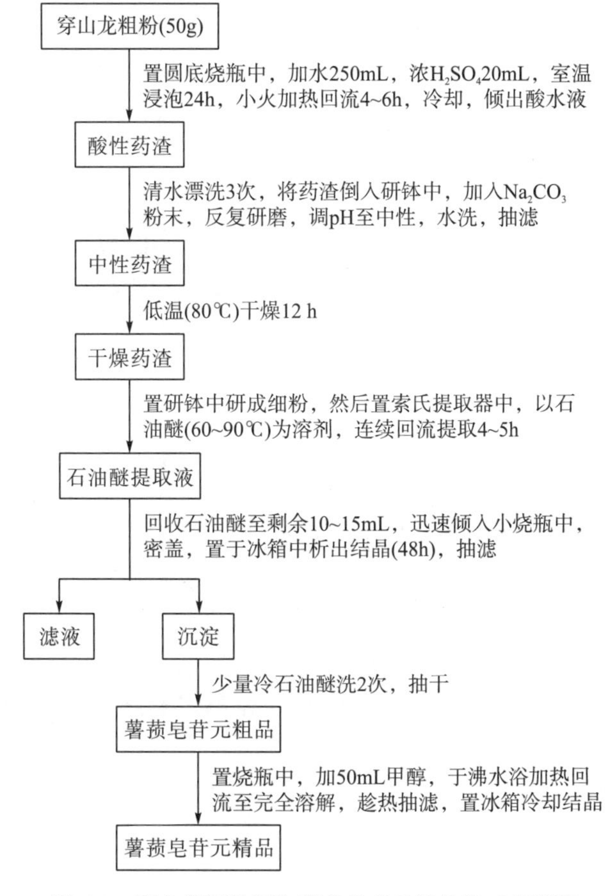

图 4-8　穿山龙粗粉提取薯蓣皂苷元精品的工艺流程

3. 薯蓣皂苷元的鉴定

1)物理常数的测定

测定熔点和旋光度。

2)化学检识

乙酸酐-浓硫酸反应(Liebermann-Burchard 反应)：取样品适量，加冰乙酸0.5mL使溶解，续加乙酸酐0.5mL搅匀，再于溶液的边沿滴加1滴浓硫酸，观察并记录现象。

三氯甲烷-浓硫酸反应(Salkowski反应)：取样品适量，加三氯甲烷1mL使其溶解，沿试管壁加等量的浓硫酸，分别置可见光及紫外灯下观察，并记录现象。

3)薄层色谱

吸附剂：硅胶-CMC薄层板。

样品：5%自制薯蓣皂苷元的乙醇液。

对照品：5%薯蓣皂苷元标准品的乙醇液。

展开剂：苯-乙酸乙酯(8∶2)。

显色剂：5%磷钼酸乙醇溶液，105℃加热至斑点显色清晰。

五、注意事项

(1)原料经酸水解后应充分洗涤呈中性，以免烘干时炭化。

(2)在干燥水解原料的过程中，应注意压散团块和勤翻动，以利快干。

(3)在连续回流提取过程中，由于使用的石油醚极易挥发损失，故水浴温度不宜过高，能使石油醚微沸即可。此外可加快冷凝水的流速，以增加冷凝效果。

(4)回收石油醚的蒸馏操作，不必另换蒸馏装置。只需将索氏提取器中的滤纸筒取出，再照原样装好，继续加热回收烧瓶中的溶剂，待溶剂液面增加至高于虹吸管顶部弯曲处1cm，暂停回收，取下提取器，将其中的石油醚移置其他容器中，如此反复操作，即可完成回收石油醚的操作。

(5)在连续提取过程中，欲检查有效成分是否提取完全，可取提取器中的提取液数滴，滴于白瓷皿中，挥散溶剂，观察有无残留物，然后进行乙酸酐-浓硫酸反应。若反应呈阴性，表示已提取完全。

(6)所得薯蓣皂苷元粗品可作熔点测定，若测定不合格需再进行重结晶处理。

六、思考题

(1)甾体皂苷可用哪些反应进行鉴定？

(2)试设计一种从穿山龙中提取薯蓣皂苷的工艺流程，并说明提取、分离原理。

(3)用石油醚作提取溶剂时，操作中应注意哪些事项？

实验十四　绿色植物菠菜天然色素提取分离

一、实验目的

(1)通过绿色植物菠菜色素的提取和分离，了解天然色素的分离提纯方法。

(2)加深理解柱层析和薄层色谱分离的基本原理，完善柱层析和薄层色谱分离的操作技术。

(3)通过柱色谱和薄层色谱分离操作，加深了解微量有机物色谱分离鉴定的原理。

二、实验原理

绿色植物如菠菜叶中的叶绿体含有绿色素(包括叶绿素a和叶绿素b)和黄色素(包括胡萝卜素和叶黄素)两大类天然色素。这两类色素都不溶于水，但溶于有机溶剂，故可用乙醇或丙酮等有机溶剂提取。

叶绿素存在两种结构相似的形式，即叶绿素 a($C_{55}H_{72}O_5N_4Mg$)和叶绿素 b($C_{55}H_{70}O_6N_4Mg$)，其差别仅是叶绿素 a 中一个甲基被甲酰基所取代从而形成了叶绿素b。它们都是吡咯衍生物与金属镁的络合物，是植物进行光合作用所必需的催化剂。植物中叶绿素 a 的含量通常是叶绿素 b 的 3 倍。尽管叶绿素分子中含有一些极性基团，但大的烃基结构使它易溶于醚、石油醚等一些非极性溶剂。

胡萝卜素($C_{40}H_{56}$)是具有长链结构的共轭多烯。它有三种异构体，即 α-胡萝卜素、β-胡萝卜素和 γ-胡萝卜素。其中 β-胡萝卜素含量最多，也最重要。在生物体内，β-胡萝卜素受酶催化氧化形成维生素 A。目前 β-胡萝卜素已可进行工业生产，可作为维生素 A 使用，也可作为食品工业中的色素。

叶黄素($C_{40}H_{56}O_2$)是胡萝卜素的羟基衍生物，它在绿叶中的含量通常是胡萝卜素的 2 倍。与胡萝卜素相比，叶黄素较易溶于醇而在石油醚中溶解度较小。

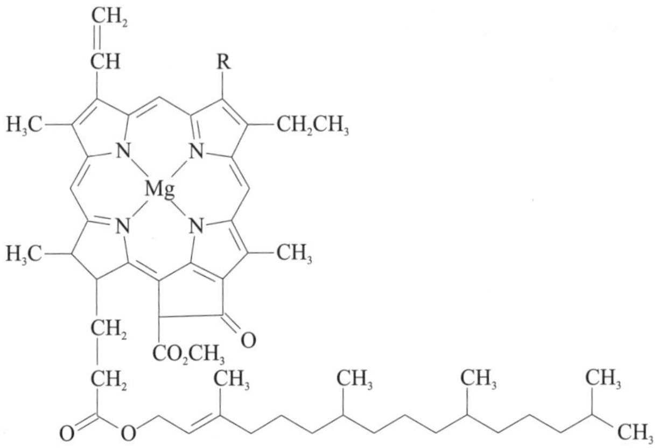

叶绿素a(R=CH_3)、叶绿素b(R=CHO)

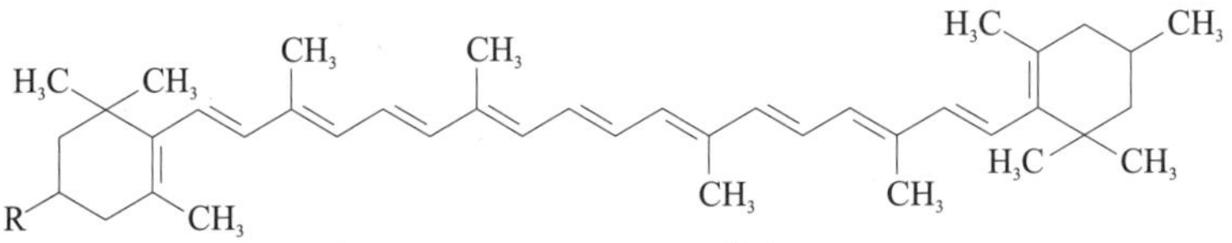

β-胡萝卜素(R=H)　　叶黄素(R=OH)

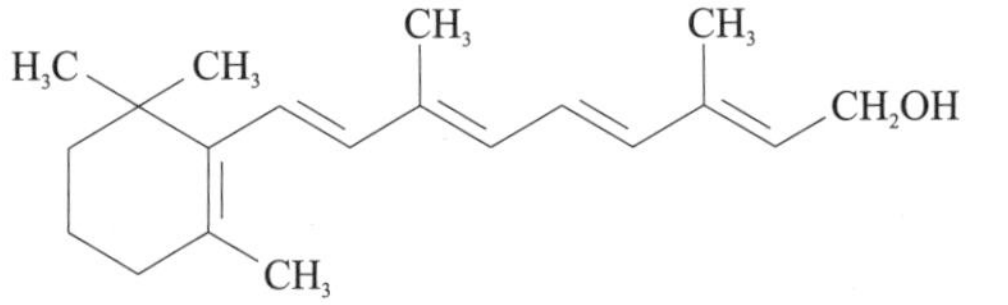

维生素A

石油醚是一种脂溶性很强的有机溶剂。叶绿体中的四种色素在石油醚中的溶解度是不同的：溶解度高的随层析液在滤纸上扩散得快；溶解度低的随层析液在滤纸上扩散得慢。溶解度最高的是胡萝卜素，它随石油醚在滤纸上扩散得最快，叶黄素和叶绿素 a 的溶解度次之；叶绿素 b 的溶解度最低，扩散得最慢。这样，四种色素就在扩散过程中分离开来。

同样，提取液可用色层分析的原理进行分离。因吸附剂对不同物质的吸附力不同，当用适当的溶剂推动时，混合物中各成分在两相(流动相和固定相)间具有不同的分配系数，所以它们的移动速度不同，经过一定时间层析后，便可将混合色素分离。

本实验是用活性氧化铝作吸附剂，分离菠菜中的胡萝卜素、叶黄素、叶绿素 a 和叶绿素 b。

三、仪器与试剂

仪器：分光光度计，研钵，布氏漏斗，圆底烧瓶，直形冷凝管，色谱柱，抽滤瓶，铁架台，脱脂棉等。

试剂：菠菜叶，硅胶 G，中性氧化铝，甲醇，石油醚（60～90℃），丙酮，乙酸乙酯（分析纯）。

四、实验步骤

菠菜色素提取工艺流程见图 4-9。

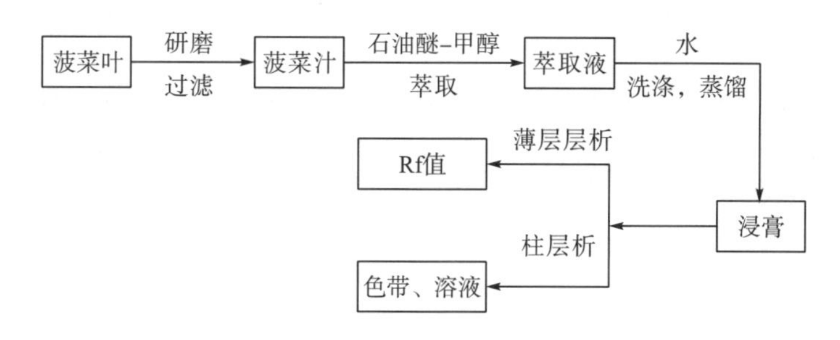

图 4-9 菠菜色素提取工艺流程

1. 菠菜色素的提取

取 2g 新鲜菠菜叶，与 10mL 甲醇拌匀研磨 5min，弃去滤液。残渣用 10mL 石油醚-甲醇（3∶2）混合液提取两次。合并液用水洗后弃去甲醇层，石油醚层进行干燥、浓缩。

2. 薄层层析

将上述浓缩液点在硅胶 G 的预制板上，分别用石油醚-丙酮（8∶2）和石油醚-乙酸乙酯（6∶4）两种溶剂系统展开，经过显色后，进行观察并计算比移值。

3. 柱层析

称取 12g 三氧化二铝加入 30mL 石油醚搅拌，浸泡 10min。在层析柱内加入一团棉花（棉花团要尽量薄），在底部再加入 0.5cm 厚的石英砂，然后用石油醚充满柱子，再将浸泡好的三氧化二铝倒入柱内，倒时应该缓慢，重复使用之前的石油醚，直到装完。用石油醚洗柱内壁，顶部加一小团棉花，然后再加入 0.5cm 厚的石英砂。

4. 样品的分离层析

将浓缩液小心地从柱顶部加入。加完后打开活塞，让液面下降到柱中砂层。关闭活塞，加几滴石油醚冲洗内壁，打开活塞，使液面下降至之前的位置，在柱顶小心加入 1.5～2.0cm 高的石油醚-丙酮洗脱剂，层析即开始进行。

用石油醚-丙酮(9∶1)、石油醚-丙酮(7∶3)和正丁醇-乙醇-水(3∶1∶1)进行洗脱，依次接收各色素带，即得胡萝卜素(橙黄色溶液)、叶黄素(黄色溶液)、叶绿素 a(蓝绿色溶液)以及叶绿素 b(黄绿色溶液)。当第一个有色成分即将滴出时，另取一洁净的烧杯收集，得黄色溶液，即胡萝卜素。将洗脱剂换成 1∶7 的石油醚-丙酮混合液，继续洗脱可得到第二色带的黄绿色溶液，即叶绿素 a 和叶黄素。

五、注意事项

(1)层析柱的装填一定要按步骤和要求完成，装填好后一定要仔细检查装填效果。

(2)收集不同色带的组分可得到不同成分的色素，可依据薄层色素结果进行。

第五章　生物质能源与材料实验技术

实验一　生物柴油原料油的预处理和提取

一、实验目的

(1)了解生物柴油原料油的预处理方法及原理。
(2)掌握生物柴油的提取原理及方法。

二、实验原理

生物柴油原料多为油料植物种子，因此在进行油料提取时须先进行原料预处理，如剥壳、除杂、粉碎和干燥等，目的是使提取的原料杂质较少、水分含量低，提高出油率和提取率。

油脂的提取方法有压榨法和溶剂提取法，压榨法出油率低、杂质多，一般不采用。溶剂提取法根据提取方式又可分为：索氏提取法和浸提法，两种方式各有利弊，可根据实际情况进行选择。本实验分别采用索氏提取法和浸提法对油料进行提取，并分别计算其提取率。

三、仪器与试剂

仪器：索氏抽提器，研钵，分析天平(感量 0.0001g)，称量瓶，恒温水浴，烘箱等。

试剂：正己烷(分析纯)，石油醚(40～60℃或 50～70℃)，脱脂棉，石英砂。

四、实验内容

1. 原料预处理

原料预处理即在油料取油之前对油料进行清理、剥壳、破碎、干燥等一系列处理，其目的是除去杂质。预处理对生产效率的影响不仅在于因为改善了油料的结构性能而提高了出油的速度和深度，还在于对油料中各种成分产生作用而影响了产品和副产品的质量。因为油脂紧紧结合在细胞内，从种子中脱除其他成分，能使油脂在溶剂中更易浸出。油料中含有泥土、植物茎叶、皮壳等杂质，会使制取的油脂色泽加深、沉淀物增多、产生异味等，降低毛油质量。

经压榨，浸出得到的未经精炼的植物油称为毛油。油料经磁选、筛选、破碎、轧胚、蒸炒后用机械挤压而制得的毛油，称为机榨毛油。油料经预处理采用溶剂浸出等方法制得的毛油，称为浸出毛油。

2. 油脂提取

实验室提取油脂常用的方法是利用固-液萃取的原理，选用某种能够溶解油脂的有机溶剂，经过对油料的喷淋和浸泡作用，使油料中的油脂被萃取出来，再通过回收溶剂与油脂分离，从而获得毛油。

使用溶剂取油的优点是出油率高，生产过程可以在较低温度下进行，动力消耗较小，但也存在一定缺陷，所用溶剂大多易燃易爆，具有一定毒性，生产过程中存在一定危险性，容易有溶剂残留。当然，这些缺点可以通过改进工艺来克服。

1）索氏抽提器法

(1)用脱脂滤纸包裹 2～5g 样品，置于 105℃烘箱中烘 30min，趁热倒入研钵中，加入约 2g 脱脂细砂，一同研磨，将试样和细砂研到出油状后，无损地转入滤纸筒中(滤纸筒底先塞一层脱脂棉，并经 105℃烘 30min)。用脱脂棉蘸少量石油醚擦净研钵上的试样和脂肪，置于滤纸筒中，最后再在滤纸筒上口塞一层脱脂棉。

(2)抽提与烘干。将装有试样的滤纸筒置于 50mL 抽提筒内，滤纸筒的高度不能高于抽提筒的虹吸管高度，注入石油醚至虹吸管高度以上，待石油醚虹吸流净后，再加入石油醚至虹吸管 2/3 高度，将冷凝器与抽提筒连接好，用少许脱脂棉塞于冷凝上口，打开冷凝水，开始加热抽提，加热温度使石油醚每小时回流 7 次以上，抽提时间 8h。

抽净脂肪后，取出滤纸筒，回收溶剂，置于 105℃烘箱，烘至恒重(前后两次质量差在 0.0002g 以内，即为恒重)，记录油脂质量。

2）浸提法

利用索氏抽提器法提取油脂在实验室阶段虽然能获得较高的出油率，但是操作较烦琐，且产量较低。为了得到较多油脂用于后续实验，可利用浸提法提取种子油，具体提取方法见图 5-1。

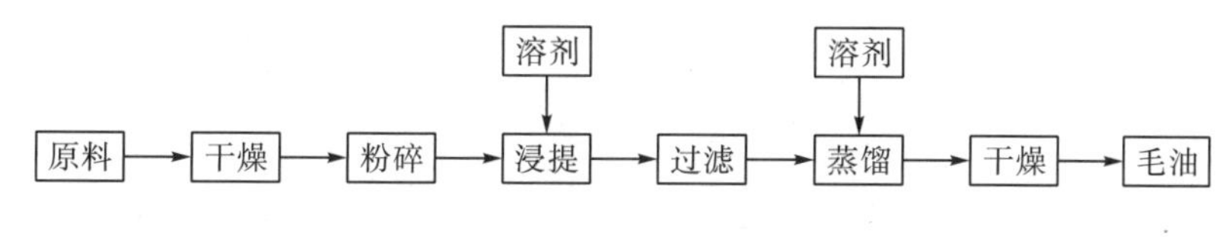

图 5-1　溶剂浸提籽油工艺流程

将原料种子去除杂质，放于烘箱中 105℃干燥，使用植物原料粉碎机粉碎，粉碎度 50 目，将粉碎后的原料种子放于浸提瓶中，加入浸提溶剂石油醚，料液体积比为 1∶3，浸提时间为 12h，浸提完成后过滤溶剂，再加入新溶剂继续浸提，反复四五次，直至浸提溶剂基本无色为止，使用旋转蒸发仪回收溶剂，得到的毛油干燥后计算出油率。

五、思考题

(1) 分析索氏提取法和浸提法各自的优缺点。
(2) 分析索氏提取法和浸提法对出油率的影响因素。

实验二　生物柴油原料油的精炼及原料油的性质分析

一、实验目的

(1) 掌握生物柴油原料油的精炼原理及方法。
(2) 了解并掌握生物柴油原料油的性质及分析方法。

二、实验原理

毛油中一般存在较多杂质，这些杂质对油脂的稳定性以及后续的加工都有十分不利的影响，油脂精炼工艺采用物理、化学等方法分离杂质，提高油脂品质，能最大限度地发挥植物油脂的功用(图 5-2)。油脂精炼的目的是根据不同的要求和用途，将不需要的和有害的杂质从油脂中除去，得到符合一定质量标准的成品油。

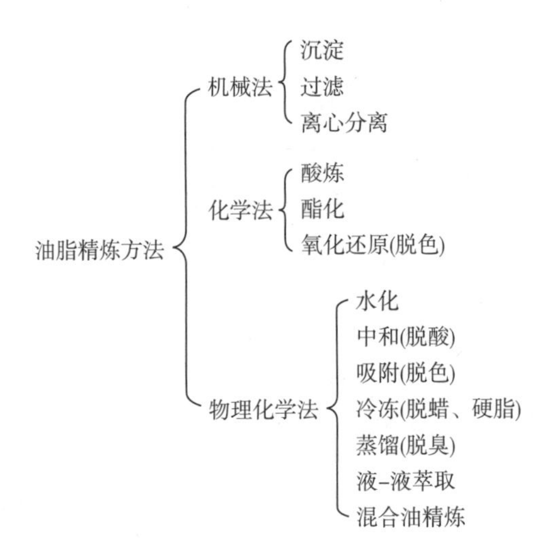

图 5-2 油脂精炼的方法

三、仪器与试剂

仪器：平底烧瓶，恒温油浴，烘箱等。

试剂：粗油脂(麻风树油脂、橡胶籽油脂或者黄连木油脂)，NaOH，95%乙醇，酚酞，HCl，KOH 等。

四、实验内容

1. 生物柴油原料油的精炼

1)毛油脱胶

量取黄连木油脂 50mL，于水浴中在机械搅拌下加热至 65℃预热。加水水化。这是水化的重要阶段，要掌握好加水量、温度和加水速度，一般加水量为油中磷脂含量的 3.5 倍(10%左右)。加完水后继续搅拌 30min 以上。一般加入的是微沸的清水。当磷脂胶粒开始聚集，慢速搅拌，升温到 75～85℃。静置沉降，分离油脚。静置时间为 3～8h，可将温度保持在 70℃左右。加热脱水。水化净油中通常还有 0.3%～0.6%的水分，因此脱胶后必须除去水分。脱水有常压脱水和真空脱水两种。常压脱水是将油温升到 95～110℃，并不断搅拌。但常压脱水会使油脂氧化，颜色加深。真空脱水的油温可以控制在 90～105℃。脱胶工艺流程详见图 5-3。

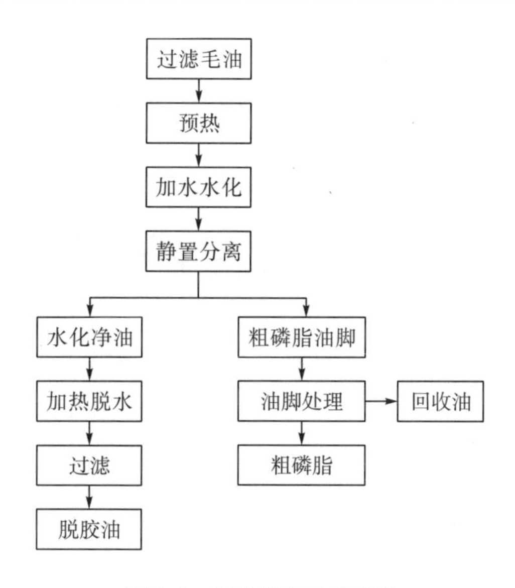

图 5-3　毛油脱胶工艺流程

2) 碱炼脱酸

对碱催化酯交换反应，甘油酯的酸值必须小于 1，所有原料必须无水。若酸值大于 1，则需更多的 NaOH 中和游离脂肪酸，而水会引起皂化反应，不仅会消耗部分催化剂，降低催化效果，同时会生成凝胶，增加混合物的乳度，使甘油的分离更加困难。精制植物油必须干燥，其中游离脂肪酸的含量应尽可能低。

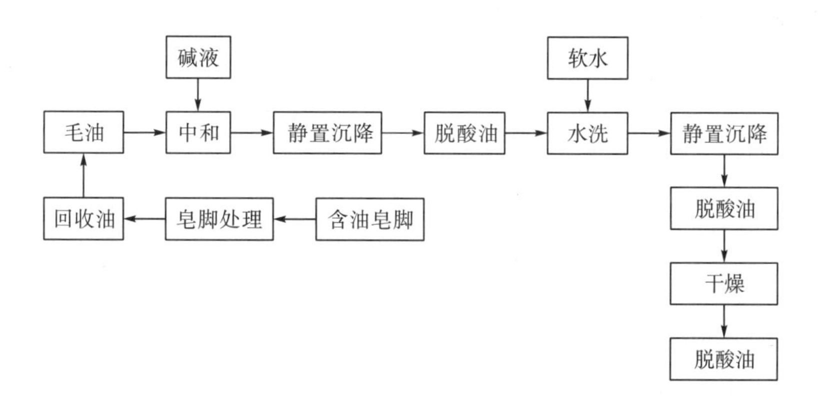

图 5-4　油脂碱炼脱酸工艺流程

碱炼法是用碱中和油脂中的游离脂肪酸，所生成的皂吸附部分其他杂质而从油中去除的精炼方法(图 5-4)。碱炼脱酸的主要作用如下。

碱能中和毛油中绝大部分的游离脂肪酸，生成的脂肪酸钠盐在油中不易溶解，成为絮状物沉降；中和生成的皂为一表面活性物质，吸附和吸收能力都较强，因此可将其他杂质(如蛋白质、色素、磷脂及带有烃基或酚基的物质)也带入沉降物中，甚至悬浮固体杂质也可被絮状皂团所挟带。因此，碱炼具有脱酸、脱胶、脱固体杂质和脱色等多种作用。

其中主要的化学反应包括中和、水解和皂化等。

中和:

$$RCOOH + NaOH \longrightarrow RCOONa + H_2O$$

不完全中和:

$$RCOOH + NaOH \longrightarrow RCOONa{\cdot}RCOOH + H_2O$$

水解:

$$\begin{array}{l} CH_2OCOR_1 \\ | \\ CHOCOR_2 \\ | \\ CH_2OCOR_3 \end{array} + H_2O \longrightarrow \begin{array}{l} CH_2OCOR_1 \\ | \\ CHOCOR_2 \\ | \\ CH_2OH \end{array} + R_3COOH \longrightarrow$$

$$\begin{array}{l} CH_2OCOR_1 \\ | \\ CHOCOR_2 \\ | \\ CH_2OPO(CH_2)_2\overset{+}{N}(CH_3)_3 \\ \quad\;\; | \qquad\qquad\; | \\ \quad\; OH \qquad\quad\; OH \end{array} + 3H_2O \xrightarrow{NaOH} \begin{array}{l} CH_2OH \\ | \\ CHOH + HO(CH_2)_2\overset{+}{N}(CH_3)_3 \\ | \qquad\qquad\qquad\qquad\; | \\ CH_2OH \qquad\qquad\quad\;\; OH \end{array} + R_1COOH + R_2COOH$$

皂化:

$$\begin{array}{l} CH_2OCOR_1 \\ | \\ CHOCOR_2 \\ | \\ CH_2OCOR_3 \end{array} + 3NaOH \longrightarrow \begin{array}{l} CH_2OH \\ | \\ CHOH \\ | \\ CH_2OH \end{array} + R_1COONa + R_2COONa + R_3COONa$$

2. 影响碱炼的主要因素

1)碱及其用量

油脂脱酸可用的中和剂较多，大多数是碱金属的氢氧化物或碳酸盐。常见的有 NaOH、KOH、$Ca(OH)_2$、$NaCO_3$ 等。NaOH 的碱性强，反应生成的皂能与油脂较好地分离，脱酸效果好，并且对油脂有较高的脱色能力，但存在皂化中性油的缺点，尤其当碱液的浓度较高时，皂化更严重。

碱的用量直接影响碱炼的效果。碱量不足，游离脂肪酸中和不完全，其他杂质也不能充分作用，皂粒不能很好地絮凝，致使分离困难。用碱过多，中性油被皂化而引起精炼损耗增大。因此正确掌握用碱量很重要。

碱炼时，耗用的总碱量包括两个部分：一部分是用于中和游离脂肪酸的碱，通常称为理论碱，可通过计算得到；另一部分则是为了满足工艺要求而额外添加的碱，称为超量碱。

理论碱量。理论碱量可按毛油的酸值或游离脂肪酸的百分含量进行计算。当以酸值表示时，中和所需理论 NaOH 量为

$$G_{\text{NaOH理}} = G_{\text{油}} \times \text{AV} \times \frac{M_{\text{NaOH}}}{M_{\text{KOH}}} \times \frac{1}{100} = 7.13 \times 10^{-4} \times G_{\text{油}} \times \text{AV}$$

式中：$G_{\text{NaOH理}}$——NaOH 的理论添加量，kg；

$G_{\text{油}}$——毛油的质量，kg；

AV——毛油的酸值，mgKOH/g 油；

M_{NaOH}——NaOH 的相对分子质量，40.0；

M_{KOH}——KOH 的相对分子质量，56.1。

碱炼操作中，为了阻止逆向反应弥补理论碱量在分解和凝聚其他杂质、皂化中性油以及被皂膜包容所引起的消耗，需要超出理论碱量而增加用碱量，称为超量碱。超量碱直接影响碱炼的效果。超量碱通常以纯 NaOH 占毛油的百分数表示，选择范围一般为 0.05%～0.25%，质量劣变的毛油可控制在 0.5%以内。

2）碱液的浓度

碱液浓度的确定原则：碱滴与游离脂肪酸有较大的接触面积，能保证碱滴在油中有适宜的降速；有一定的脱色能力；油-皂分离操作方便。

碱液浓度的选择依据：毛油的酸值与脂肪酸组成。毛油的酸值是决定碱液浓度的最主要依据，酸值高的应采用浓碱，酸值低的则采用淡碱。

3）操作温度

碱炼的操作温度是影响碱炼的重要因素之一，主要体现在碱炼的初温、终温和升温速度等方面。初温是指加碱时的毛油温度；终温是指反应后油-皂粒呈现明显分离时，为促进皂粒聚集加速与油分离而加热达到的最终温度。

中和反应过程中，最初产生水-油型乳浊液，为了避免转化成油-水型乳浊液以致形成油-皂不易分离的现象，反应过程中温度必须保持稳定和均匀。

中和反应后，油-皂粒呈现明显分离时，升温的目的在于破坏分散相（皂粒）的状态，释放皂粒的表面亲和力，吸附色素等杂质，并促进皂粒的进一步絮凝，从而有利于油-皂分离。为了避免皂粒胶溶和被吸附组分的解吸，加热到操作终温的速度越快越好。升温速度一般以每分钟 1℃为宜。

操作温度是一个与毛油品质、碱炼工艺及用碱浓度等有关的因素。毛油品质较好，选用低浓度碱液，可采用较高的操作温度；反之，操作温度要低。表 5-1 列出了不同浓度碱液的相应操作温度。

表 5-1 碱液浓度与操作温度的关系

烧碱溶液浓度/%	毛油酸值	操作温度/℃		备注
		初温	终温	
4～6	5 以下	75～80	90～95	浅色油品精制
12～14	5～7	50～55	60～65	浅色油品精制
16～24	7 以上	25～30	45～50	深色油品精制
24 以上	9 以上	20～30	20～30	劣质棉油精制

计算脱胶脱酸后的精炼油的得率。

3. 生物柴油原料油性质分析

1) 相对密度的测定

方法：使用相对密度法测定，即用同一相对密度瓶在同一温度下，分别称量等体积的油脂和蒸馏水的质量，两者的质量比即为油脂的相对密度。

操作方法：测定瓶质量，比重瓶恒重后称量。测定水质量，将蒸馏水注入比重瓶，置于 20℃恒温水浴中，水浴 30min 后取出比重瓶，擦干瓶外水分，称量。测定试样质量，加入 20℃试样，按测定水质量法测定，称量后记录(GB/T 5526—1985)。

结果计算：根据试样和水在温度为 20℃条件下测得的试样质量(m_2)和水质量(m_1)，计算相对密度(d_{20}^{20})。

$$d_{20}^{20}=m_2/m_1$$

式中：m_1——水质量，g；

m_2——试样质量，g；

d_{20}^{20}——油温、水温均为 20℃时油脂的相对密度。

2) 油脂化学常数酸值的测定

方法：用中性乙醇溶剂溶解油样，然后用碱滴定其中的游离脂肪酸，每克油样消耗的碱量(mg)即为该样的酸值。

试剂：95%乙醇溶液，临用前用 0.1mol/L KOH 醇溶液滴定至中性；酚酞溶液指示剂。

操作方法：称取混匀的试样约 1g 注入 250mL 磨口锥形瓶中，加入无水乙醇溶剂 50mL，摇动使试样溶解，再加 2～3 滴酚酞指示剂。用 0.1mol/L KOH 溶液边振荡边滴定至出现微红色，在 10s 内不消失，记下所消耗的碱液体积 V(GB/T 5530—2005)。

结果计算：

$$酸值=\frac{56.1\times V\times c}{m}$$

式中：V——所用 KOH 标准溶液的体积，mL；

c——所用 KOH 标准溶液的浓度，mol/L；

m——试样质量，g；

56.1——KOH 的摩尔质量，g/mol。

双试结果允许差不超过 0.2mg KOH/g 油，求平均数即为测定结果。结果取小数点后一位。

3）皂化值的测定

方法：油脂在碱性条件下发生水解反应生成甘油和脂肪酸盐的过程叫作皂化反应。利用这一原理来测定植物油的皂化值，同时可以进一步估计出植物油的平均分子量。

试剂：0.5mo1/L 氢氧化钾-乙醇溶液，0.5mol/L HCl 标准溶液，1g/100mL 酚酞-乙醇溶液。

操作方法：油脂皂化值指完全皂化 1g 油脂所需的氢氧化钾毫克数。称取植物油样品 2g（准确至 0.001g），置于 250mL 锥形瓶中。用移液管加入氢氧化钾-乙醇溶液 50mL，然后装上回流冷凝管，置于水浴（或电热板）上维持微沸状态 1h。勿使蒸气逸出冷凝管。取下后，加入酚酞指示剂 6～10 滴，趁热用 HCl 标准溶液滴定至红色刚好消失为止。同时在相同条件下做空白试验（GB/T 5534—2008）。

结果计算：根据下面公式计算植物油的皂化值。

$$\text{SV}(\text{mgKOH} / \text{g油}) = (V_2 - V_1) \times C \times \frac{56.1}{W}$$

式中：

V_1——滴定试样用去的 HCl 溶液体积，mL；

V_2——滴定空白用去的 HCl 溶液体积，mL；

C——HCl 溶液的摩尔浓度，mol/L；

W——试样重量，g；

56.1——KOH 的摩尔质量，g/mol。

4）植物油平均分子量的计算

由于油脂为混合物，成分复杂，每一批生产的油脂其成分都不相同，平均分子量是油脂的一个重要指标。平均分子量测定参照 GB/T 9104—2008 执行，通过测定大豆油皂化值和酸值来计算其平均分子量。大豆油平均分子量 $M_{油}$根据其皂化值（SV）和酸值（AV）按下式计算：

$$M_{油} = 3 \times 1000 \times \frac{56.1}{(\text{SV} - \text{AV})}$$

5）油脂组成定性定量分析

气相色谱-质谱联用分析技术适用于多组分混合物中对未知组分的定性鉴定，可以确定化合物的分子结构，准确确定未知组分的分子量，从而定性未知化合物。

因此该分析法是现代物理与化学领域内一个极为重要的工具，使用较为广泛。色谱法具有分离效率高、速度快、样品用量少、选择性好、多组分同时分析和易于自动化的优点，但定性能力较差。由于脂肪酸甘油酯的沸点较高，普通气相色谱柱不能经受高温，而使用液相色谱只要选择适当的流动相就可以避免这个问题。液相色谱定性分析一般是按照标准品和样品中相同的保留时间为定性依据，因此，为了准确地定性各种物质，需要选择多种标准品，给试验增加了复杂性。

原料油快速甲酯化后，首先进行气相色谱-质谱分析，确定主要组分；然后选择标准品，根据色谱保留时间来定性主要组分。快速甲酯化制备脂肪酸甲酯：称0.4g 原料油于 50mL 容量瓶中，加入 4mL 乙醚-正己烷（体积比 2∶1）混合溶剂；摇动，使油样全部溶解；加入 6mL 甲醇，4mL1mol/L 的 KOH-CH_3OH 溶液，摇匀；在 40℃水浴中放置 25min，取出，加蒸馏水至刻度；静置分层，取上清液，用无水硫酸钠干燥。

根据质谱的分析结果确定油脂中所含脂肪酸甲酯的种类及相对含量。

实验三　液体碱催化生物柴油转化实验

一、实验目的

（1）掌握液体碱催化生物柴油转化的原理及方法。

（2）了解并掌握生物柴油的性质及气相色谱分析方法。

二、实验原理

生物柴油是将动植物、微生物油脂通过酯交换反应制备的脂肪酸单烷基酯，通常为脂肪酸甲酯。生物柴油不含芳香烃且含硫量很低，是一种可以替代普通柴油的优质清洁燃料。生物柴油具有许多普通柴油不可比拟的优良特性，如润滑性能好，储存、运输、使用安全，抗爆性好，可生物降解，可再生资源，无毒，燃烧完全等。生物柴油可以任何比例与从石油提炼出的柴油相混合，形成生物柴油混合物。生物柴油大都采用均相酯交换反应制备。生物柴油是一类脂肪酸甲酯，由植物油脂脱甘油后经过甲酯化获得，其主要成分是高级脂肪酸的低级醇酯，即软脂酸、硬脂酸、油酸、亚油酸等长链饱和或不饱和脂肪酸同甲醇或乙醇等醇类物质所形成的酯类化合物，分子式为 RCOOCH 或 $RCOOC_2H_5$（R=12～24）。

在均相碱催化剂的作用下与醇进行酯交换反应，生成脂肪酸甲酯和甘油，从而达到降低分子量，改善其性能的目的。以甲醇为例，其化学反应原理如下式：

$$\begin{array}{l} CH_2OCOR_1 \\ | \\ CHOCOR_2 \\ | \\ CH_2OCOR_3 \end{array} + 3ROH \rightleftharpoons \begin{array}{l} CH_2OH \\ | \\ CHOH \\ | \\ CH_2OH \end{array} + \begin{array}{l} R_1OCOR \\ R_2OCOR \\ R_3OCOR \end{array}$$

三、仪器与试剂

仪器：水浴锅，250mL 三口烧瓶，电动或磁力搅拌器，冷凝管，滴液漏斗，分液漏斗，旋转蒸发器，离心机，真空干燥箱，气相色谱仪。

试剂：氢氧化钾，甲醇，无水硫酸钠，油脂等。

四、实验步骤

1. 物料计算

反应工艺条件：催化剂氢氧化钾用量为油重的 1.0%，醇油摩尔比为 6∶1，反应时间为 60min，反应温度为 60℃。假设反应原料大豆油为 100g，则根据工艺数据，物料计算见表 5-2。

表 5-2 液体碱催化生物柴油转化实验物料计算

项目	使用标准	实际添加量计算/g
原料大豆油	—	100
氢氧化钾	1%	100×1%=1.0
甲醇	醇油摩尔比 6∶1	100/900.8×6×32=21.3
合计		122.3

注：大豆油平均分子量 $=3\times1000\times\dfrac{56.1}{SV-AV}=3\times1000\times\dfrac{56.1}{189-2.16}=900.8$（由皂化值和酸值计算获得）

2. 称取原料及试剂

原料油及 50%的甲醇试剂首先转入圆底烧瓶，置于水浴锅上装上冷凝回流管和搅拌器，在搅拌下预热至 60℃；再加入剩余的 50%甲醇-氢氧化钾溶液。

3. 投加催化剂反应开始

待原料油及甲醇预热至 60℃后，开始用滴液体漏斗滴加氢氧化钾-甲醇溶液，滴加时间控制在 10min，搅拌速度为 400r/min，总反应时间为 60min。

4. 反应终止

反应达到时间后将烧瓶置于冰水混合物中冷却，使反应及时结束，再将反应产物倒入分液漏斗中静置 4h 分层。

5. 静置分层

将反应混合物置于分液漏斗中，静置分层。上层为甲酯(生物柴油)与甲醇的混合物，下层为甘油、 未反应的甘油三酸酯。

6. 去除甲醇

取上层溶液(生物柴油与甲醇的混合物)蒸馏回收(旋转蒸发)甲醇。

7. 水洗干燥

在蒸馏残余物中加入 1.5 倍体积的 60℃蒸馏水，充分振荡，洗涤，并除去水相，重复 4 次，以除去催化剂、脂肪酸盐、甘油以及水溶性物质和游离脂肪酸。再经旋转蒸发仪去除大量水分，然后按每 100mL 混合物加入 10g 无水硫酸钠，充分振荡后静置 10min，再过滤除去无水硫酸钠，即得生物柴油。

五、结果计算

生物柴油转化率采用气相色谱法分析脂肪酸甲酯含量进行计算。

油脂原料的转化率采用产物中的甘油含量进行计算，甘油测定采用皂化-高碘酸氧化法或与氢氧化铜分光光度法。

$$\text{油脂转化率} = \frac{\text{原料油理论甘油含量} - \text{生物柴油甘油含量}}{\text{原料油理论甘油含量}} \times 100\%$$

六、注意事项

(1) 实验原料油脂中酸值应低于 1.0、水分含量应低于 0.3%，否则液体碱催化反应中会发生皂化反应等副反应，导致产物收率低、产物分离困难等问题。

(2) 氢氧化钾在甲醇中溶解需要在密闭的锥形瓶中加热进行，催化剂均匀滴加到反应体系中可减轻副反应发生，也有利于产品的洗涤精制。

(3) 反应达到时间后应尽快进行冰水浴冷却，使反应结束，以提高反应混合物的分层速度。

(4) 生物柴油的水洗精制工序应完全充分，否则残留的催化剂、脂肪酸盐、甘油等杂质会影响生物柴油质量或产品性能。

实验四 气相色谱法分析生物柴油(脂肪酸甲酯)组成

一、实验目的

学习和掌握利用气相色谱法对生物柴油(脂肪酸甲酯)进行定性定量。

二、实验原理

首先采用气相色谱对给定油脂原料制备获得的脂肪酸甲酯进行定性分析，确定出酯交换反应后主要脂肪酸甲酯及其相对含量；然后选取脂肪酸甲酯标准品，对照标准品和甲酯化后样品保留时间和出样顺序，对主要脂肪酸甲酯进行定性；最后建立标准品的标准曲线，据此计算产物中相应脂肪酸甲酯的含量。

气相色谱在分离分析方面，具有如下特点。

(1)高灵敏度：可检出 10^{-10}g 的物质，可作超纯气体、高分子单体的痕迹量杂质分析和空气中微量毒物的分析。

(2)高选择性：可有效地分离性质极为相近的各种同分异构体和各种同位素。

(3)高效能：可把组分复杂的样品分离成单组分。

(4)速度快：一般分析只需几分钟即可完成，有利于指导和控制生产。

(5)应用范围广：既可分析低含量的气、液体，又可分析高含量的气、液体，还不受组分含量的限制。

(6)所需试样量少：一般气体样需几毫升，液体样需几微升或几十微升。

(7)设备和操作比较简单，仪器价格便宜。

因此选择气相色谱对脂肪酸甲酯转化率进行检测是一种高效且相对经济的手段。为了确定脂肪酸甲酯即生物柴油的含量，判断反应条件的优劣和酯交换工艺中产品的酯交换量，本实验采用气相色谱法对产物进行成分分析。

三、仪器与试剂

仪器：气相色谱仪(配 FID 检测器和 PEG20M 石英毛细管色谱柱)，微量注射器，超级恒温水浴锅，容量瓶等。

试剂：油酸甲酯，亚油酸甲酯，棕榈酸甲酯，癸酸甲酯，硬脂酸甲酯，无水甲醇等色谱纯试剂。

四、实验步骤

气相色谱分析条件为：分析色谱柱采用 PEG20M 石英毛细管柱。FID 检测器的汽化室和检测器(FID)温度分别为 220℃和 225℃。采取程序升温：初始温度170℃，保持 15min 后；以 5℃/min 升温速率升至 210℃，保持 5min。载气：高纯氮 2mL/min，柱头压 60kPa；燃气：氢气 40mL/min；助燃气：空气 400mL/min。生物柴油样品用甲醇作溶剂稀释 20 倍，进样量 0.4μL。

1. 定性分析

油脂原料中主要含有棕榈酸、硬脂酸、油酸、亚油酸、花生酸、二十碳烯酸、亚麻酸。通过甲酯化后生成相应的甲酯。根据生物柴油的成分，将棕榈酸甲酯、硬脂酸甲酯、油酸甲酯、亚油酸甲酯标准样品按与原料中各成分相似比例配制成一定浓度的混合标准溶液，用气相色谱对标准样品与产品进行分析。得到棕榈酸甲酯、硬脂酸甲酯、油酸甲酯、亚油酸甲酯的保留时间分别为：7.0803min、9.4633min、10.2828min、11.3273min，通过对比标准脂肪酸甲酯的保留时间及出峰顺序，确定产品中脂肪酸甲酯的组成成分(图 5-5 和图 5-6)。

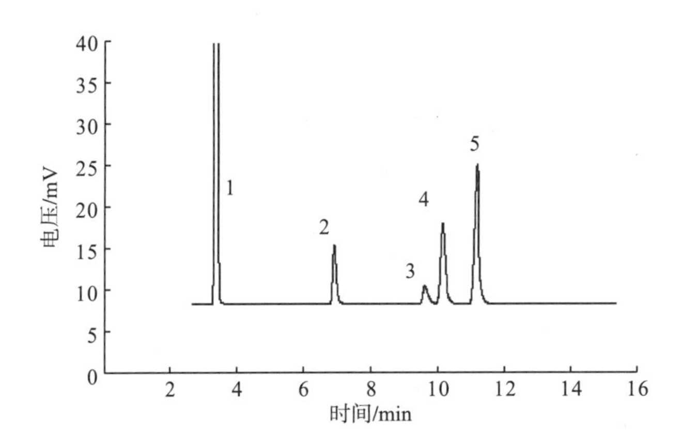

图 5-5 标准样品气相色谱图

(1-甲醇；2-棕榈酸甲酯；3-硬脂酸甲酯；4-油酸甲酯；5-亚油酸甲酯)

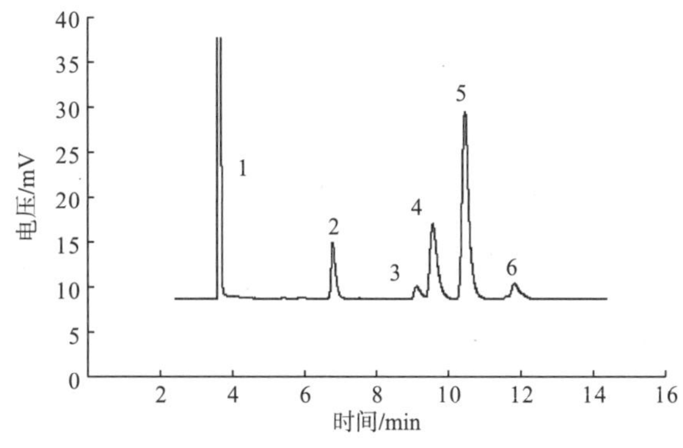

图 5-6　生物柴油气相色谱图

（1-甲醇；2-棕榈酸甲酯；3-硬脂酸甲酯；4-油酸甲酯；5-亚油酸甲酯；6-亚麻酸甲酯）

2. 定量分析

采用内标法建立标准曲线进行定量计算。样品经过气相色谱分析后，从标准曲线上得到浓度，再乘以生物柴油样品的稀释倍数，从而得到生物柴油样品中各脂肪酸甲酯的含量。

脂肪酸甲酯混合标准溶液的配制：根据实际生物柴油的比例分别称一定量的棕榈酸甲酯、油酸甲酯、亚油酸甲酯标准品，配制成 25mg/mL 的脂肪酸甲酯混合物，然后用甲醇溶液稀释为 5mg/mL、10mg/mL、15mg/mL、20mg/mL、25mg/mL 的脂肪酸甲酯混合标准溶液。分别取上述 5 个系列浓度的脂肪酸甲酯混合标准溶液 0.15mL 于 1mL 容量瓶中，加入 0.15mL 浓度为 2mg/mL 的十七酸甲酯做内标，进行气相色谱分析，以各脂肪酸甲酯对十七酸甲酯的浓度比为横坐标(x)、各脂肪酸甲酯对十七酸甲酯的峰面积比为纵坐标(y)作标准曲线，得到各脂肪酸甲酯的线性方程结果表明，各脂肪酸甲酯浓度在 5～25mg/mL 内具有良好的线性关系。加内标物的标准溶液气相色谱如图 5-7 所示，棕榈酸甲酯标准曲线如图 5-8 所示。

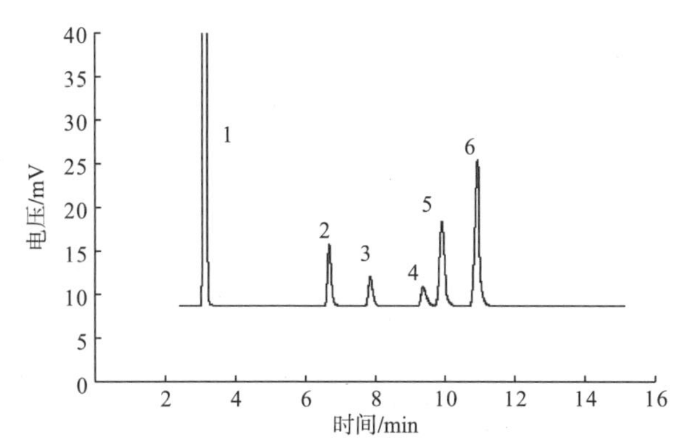

图 5-7　加入内标物的标准溶液气相色谱图

（1-甲醇；2-棕榈酸甲酯；3-十七酸甲酯；4-硬脂酸甲酯；5-油酸甲酯；6-亚油酸甲酯）

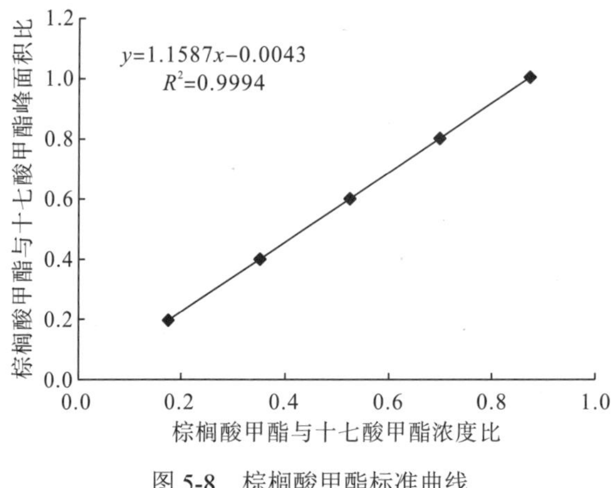

图 5-8 棕榈酸甲酯标准曲线

棕榈酸甲酯、硬脂酸甲酯、油酸甲酯、亚油酸甲酯标准曲线的线性回归方程相关系数见表 5-3。

表 5-3 线性回归方程相关系数

标准品	线性回归方程	相关系数
棕榈酸甲酯	$y=1.1587x-0.0043$	$R^2=0.9994$
油酸甲酯	$y=0.4639x-0.0044$	$R^2=0.9993$
亚油酸甲酯	$y=0.2431x-0.0009$	$R^2=0.9995$
硬脂酸甲酯	$y=1.9053x-0.0013$	$R^2=0.9993$

通过标准样品建立生物柴油各组分线性回归方程后，将生物柴油样品与内标物按一定比例混合，稀释后，使用气相色谱分析(图 5-9)，将各组分峰面积与内标物峰面积的比值代入线性回归方程，计算获得各组分的含量，进而算出脂肪酸甲酯转化率。

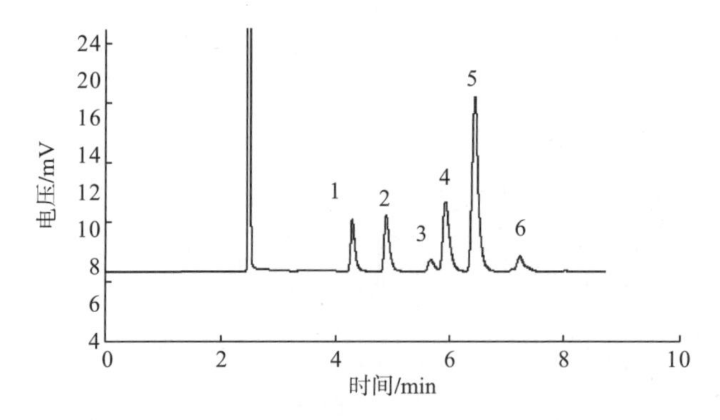

图 5-9 加入内标物的生物柴油样品气相色谱图

(1-棕榈酸甲酯；2-十七酸甲酯；3-硬脂酸甲酯；4-油酸甲酯；5-亚油酸甲酯；6-亚麻酸甲酯)

在生物柴油样品溶液中加入棕榈酸甲酯、硬脂酸甲酯、油酸甲酯、亚油酸甲酯标准品进行回收率测定。准备样品溶液各 4 份，每份 1mL，取各种浓度的溶液 0.15mL，再分别加入 0.15mL 十七酸甲酯(2mg/mL)，进行气相色谱分析。结果表明 4 种脂肪酸甲酯的加样回收率为 99.35%～102.78%(表 5-4)，说明该检测方法具有较高的准确性。

表 5-4　脂肪酸甲酯回收率

化合物	标准品加入量/(mg/mL)	实测平均值/(mg/mL)	回收率/%	相对标准偏差/%
棕榈酸甲酯	0.20	0.20250	101.25	0.67
硬脂酸甲酯	0.10	0.09935	99.35	0.53
油酸甲酯	0.20	0.20218	101.09	1.12
亚油酸甲酯	0.30	0.30834	102.78	2.35

实验五　液相色谱法分析生物柴油及甘油

一、实验目的

学习和掌握利用液相色谱法对生物柴油及甘油进行定量测定的方法。

二、实验原理

本实验采用外标法进行定量，建立标准品的标准曲线。以待测样品癸酸甲酯、月桂酸甲酯、棕榈酸甲酯、油酸甲酯、亚油酸甲酯、硬脂酸甲酯的质量为纵坐标(y)、峰面积为横坐标(x)，通过线性回归方程，建立工作曲线，据此来对生物柴油及甘油进行定量测定。

三、仪器与试剂

仪器：高效液相色谱仪(HPLC)配紫外检测器和示差折光检测器；C_{18} 色谱柱 YMC-Pack ODS-A，250mm×4.6mm ID，Aminex HPX-42H 色谱柱；微量注射器或自动进样器；超级恒温水浴锅；容量瓶等。

试剂：油酸甲酯，亚油酸甲酯，棕榈酸甲酯，癸酸甲酯，硬脂酸甲酯，甲醇，正己烷，异丙醇，硫酸等色谱纯试剂。

四、实验方法

生物柴油液相色谱分析条件：C_{18}色谱柱 YMC-Pack ODS-A，250mm×4.6mm ID；柱温 30℃；紫外检测器波长 210nm；流动相 A 相甲醇，B 相异丙醇-正己烷（体积比 5∶4），梯度洗脱 0～15min，流动相 A 线性变化由 100%～50%，流动相 B 线性变化由 0%～50%，进样量 20μL。

甘油液相色谱分析条件：Aminex HPX-42H 色谱柱；流动相 0.005mol/L 硫酸（0.22μL 过滤，脱气）；流速 0.6mL/min；柱温 65℃；示差检测器 30℃；运行时间 50min；进样量 10μL。

1. 外标法定量分析及标准品的配制

本研究使用外标法进行定量分析。外标法具有如下特点：操作、计算简单，适合大量样品分析，无须各组分都被检出、洗脱，是一种常用的定量方法。外标法需要标样，标样及未知样品的测定条件要一致，进样体积要准确。因此外标法的标准曲线每隔一段时间需要校正，出现偏差则需重新绘制标准曲线，为了准确进样，最好使用定量环或自动进样器。取亚油酸甲酯标品 35 μL，配成浓度为 70%的标准溶液，再稀释 20 倍密封保存，其余标品配制方法与亚油酸甲酯相同（表 5-5）。

表 5-5 脂肪酸甲酯标准品配制方法

脂肪酸标准品	稀释倍数	浓度	标准品状态
亚油酸甲酯	100	10%、20%、30%、40%、50%、60%、70%（体积浓度）	液体
癸酸甲酯	20	10%、20%、30%、40%、50%、60%、70%（体积浓度）	液体
月桂酸甲酯	20	10%、20%、30%、40%、50%、60%、70%（体积浓度）	液体
油酸甲酯	100	10%、20%、30%、40%、50%、60%、70%（体积浓度）	液体
棕榈酸甲酯	20	10%、20%、30%、40%、50%、60%、70%（质量浓度）	颗粒状固体
硬脂酸甲酯	20	10%、20%、30%、40%、50%、60%、70%（质量浓度）	片状固体

以上脂肪酸标准品配制均使用正己烷和异丙醇混合溶剂为稀释溶剂。标准品配制完成后为避免溶剂挥发，应尽快使用。

2. 脂肪酸甲酯转化率的计算

脂肪酸甲酯转化率为：液相色谱检测结果应用标准品标准曲线计算得到的实际转化脂肪酸甲酯的质量，与油脂完全转化为脂肪酸甲酯的理论值的比值。

3. 高效液相色谱方法学的确认

高效液相色谱方法学的确认由以下几个方面组成：线性、定量限和检出限、分析物的定性定量、重现性、精密度、稳定性、回收率等。

吸取 6 种脂肪酸甲酯标准品贮备液，分别配制成浓度为 10%～70%的标准品溶液，分别进样，进行 HPLC 测定。应用上述标准品的浓度及测定的峰面积，分别绘制 6 种脂肪酸甲酯的标准曲线，每条标准曲线由 6 个不同浓度组成，峰面积为 3 次重复进样测得的平均值。然后进行相关系数分析。

1）检测器波长的选择

流动相在 205nm 处有较强的吸收峰，而油脂样品在 210nm 处吸收最为强烈。通过对比相同样品分别在 205nm 和 210nm 下的谱图，确定检测波长为 210nm。

2）液相色谱流动相的选择

需要将游离脂肪酸、脂肪酸甲酯、脂肪酸甘油三酸酯分别分离，因甲醇、正己烷能很好地溶解上述组分，加之仪器又为反相柱，所以选择异丙醇同正己烷配比调节极性同甲醇构成两相梯度洗脱。

3）梯度洗脱条件的选择

洗脱时间选择 10min 和 15min 进行尝试，平衡时间为 10min 时，整体分析时间缩短，但脂肪酸甲酯的峰型密集，不利于后续的定量实验，而 15min 的平衡时间虽然延长了整体分析时间，但脂肪酸甲酯的峰型较分散，易于定量。因此选择流动相 A 和 B 的平衡时间为 15min。

4）稀释倍数的选择

(1) 香叶树生物柴油产品的检测：稀释倍数分别为 10 倍、20 倍、40 倍、400 倍，进样量为 10μL，检测器波长为 210nm。稀释 10 倍、20 倍峰型较好。进一步降低稀释倍数为 5 倍，峰型饱满、清晰，确定稀释倍数为 5 倍。

(2) 黄连木生物柴油产品的检测：黄连木改性后产品按照 20 倍稀释后发现进样后峰为平头峰，浓度过大，再按照稀释 40 倍、100 倍、200 倍进行摸索，当稀释 100 倍时，进样后峰型较好，能够清晰分离、鉴别，确定黄连木原油稀释倍数为 100 倍。

5）酶催化改性生物柴油的检测

通过对比不同稀释倍数，当叔丁醇和香叶树油脂 1∶1 混合后，再稀释一倍得到的峰型较好。

4. 线性回归方程相关系数结果

脂肪酸甲酯标准曲线的线性回归方程相关系数见表 5-6。

表 5-6 线性回归方程相关系数

标准品	线性回归方程	相关系数
癸酸甲酯	y=0.0000126x−0.0043416	R^2=0.9971
月桂酸甲酯	y =0.0000148x−0.2667953	R^2=0.9954
棕榈酸甲酯	y =0.0000153x−0.1439287	R^2=0.9950
油酸甲酯	y =0.0000042x−0.0116583	R^2=0.9966
亚油酸甲酯	y =0.0000003x−0.0054276	R^2=0.9986
硬脂酸甲酯	y =0.0000203x−0.1578012	R^2=0.9985

5. 回收率实验

在生物柴油样品溶液中加入 6 种脂肪酸甲酯标准品进行回收率的测定。准备 6 份样品溶液，每份 1mL，加入标准品的量见表 5-7，每个样品溶液重复进样 3 次，结果表明 6 种脂肪酸甲酯的加样回收率为 100.78%～104.78%。

表 5-7 六种脂肪酸甲酯回收率

化合物	标准品加入量/mg	回收率/%	相对标准偏差/%
癸酸甲酯	0.1	101.23	0.98
月桂酸甲酯	0.1	104.78	0.76
棕榈酸甲酯	0.1	101.12	1.09
油酸甲酯	0.3	103.45	1.12
亚油酸甲酯	0.3	102.65	0.87
硬脂酸甲酯	0.1	100.78	0.77

6. 生物柴油液相色谱分析实例

黄连木种子原油的 HPLC 图谱中，保留时间为 10～15min 的峰对应的组分为游离脂肪酸，保留时间为 15～20min 的峰对应的是甘油酯(图 5-10)。第一步酸催化反应对甘油酯没有影响，大部分对应的游离脂肪酸峰消失，已转变成脂肪酸甲酯，保留时间前移。第二步碱催化继续反应后，甘油酯峰消失，转化比较完全。HPLC 分析表明，第一步 H_2SO_4 催化反应主要转化游离脂肪酸，再通过第二步碱催化可使酯交换反应完全。

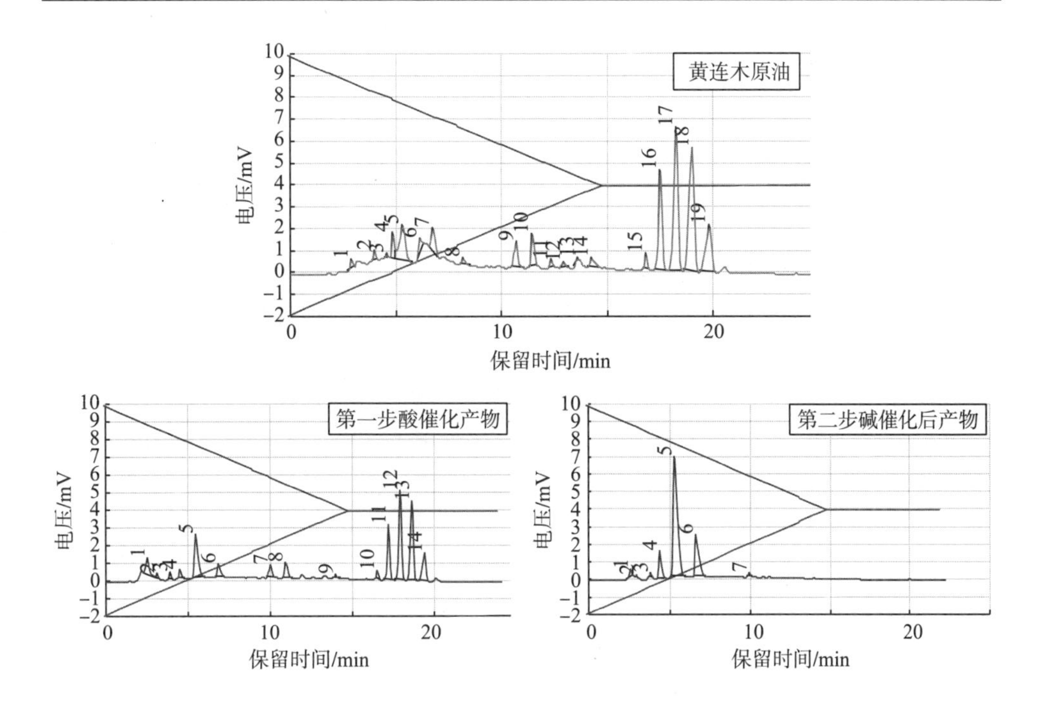

图 5-10　黄连木种子油及其酯化产物的 HPLC 图谱

五、液相色谱分析方法特点

液相色谱分离流动相 A 相为甲醇、B 相为异丙醇-正己烷(体积比 5∶4 混合)进行梯度洗脱，检测器波长 210nm，对癸酸甲酯、月桂酸甲酯、油酸甲酯、亚油酸甲酯等脂肪酸甲酯和甘油三酸酯都可以准确地分析鉴定。建立了癸酸甲酯、月桂酸甲酯、油酸甲酯、亚油酸甲酯、棕榈酸甲酯、硬脂酸甲酯 6 种脂肪酸甲酯的定量分析标准曲线。应用反相高效液相色谱仪对反应进程进行监测具有快捷、简便、准确的特点，通过分析脂肪酸甲酯同甘油三酸酯的转化情况可以直观研究反应进程。

实验六　生物质热解实验

一、实验目的

(1)通过生物质颗粒快速热解实验，了解快速热解过程。

(2)通过分析热解温度、流化气速与产油率趋势曲线，掌握影响快速热解反应的关键因素及规律。

二、实验原理

当进入反应器底部的气速高于临界气速时，流化床内的陶瓷小球开始流化，形成具有一定空隙率的流化床层，并在反应器壁外电热丝的加热下维持恒定的热解温度。生物质微小颗粒通过螺旋进料器加到反应器下部，在流化气作用下向上穿过高温、撞击频繁的陶瓷球流化床层的同时，迅速升温至热解温度并完成裂解反应。反应后的固体炭以及高温气态产物在流化气的携带下迅速流出热解反应器，经过旋风分离器进行气固分离后，进入冷却系统，为了避免高温气相中的热解油在换热管表面结焦，采用接触式冷却方式，冷却介质采用热解油产品，低温热解油高速冲刷换热管内壁，不但大大提高了换热效率，还有效地解决了热解焦油堵塞换热管的技术难题。在工业生产中，可以采用一级接触式冷却与多级间壁式冷却相结合的冷却系统。

流态化就是利用流动流体的作用，将固体颗粒群悬浮起来，从而使固体颗粒具有某些流体表观特征，利用这种流体与固体间的接触方式实现生产过程的操作，相关主要计算包括：临界流化气度、颗粒的带出气度、操作气速、床层空隙率及压降。

1）临界流化气度（初始流化气度）

临界流化气度是指固相粒子固定床层开始流态化时流化气体的表观速度，是流态化设计和操作参数确定的一个关键参数。

$$Re_{mf} = (aAr + b^2)^{0.5} - b \tag{5-1}$$

式中：

Re_{mf}——临界雷诺数，$Re_{mf} = d_s \rho_a u_{mf} / \mu_a$；

Ar——阿基米德数 $Ar = \dfrac{d_s^3 \rho_a (\rho_s - \rho_a) g}{\mu_a^2}$；

d_s——固相粒子直径，m；

ρ_a——流化气体密度，kg/m^3；

ρ_s——固相粒子密度，kg/m^3；

u_{mf}——临界流化速度，m/s；

μ_a——流化气体黏度，Pa·s。

由大量实验回归得到：a=0.0408，b=33.7，因此，式（5-1）便可以简化为

$$\frac{d_s u_{mf} \rho_a}{\mu_a} = \left[(33.7)^2 + 0.0408 \frac{d_s^3 \rho_a (\rho_s - \rho_a) g}{\mu_a^2} \right]^{0.5} - 33.7 \tag{5-2}$$

2）颗粒的带出速度 u_t

随着流化气速增加，气体对颗粒的曳力增加，当曳力与颗粒所受的浮力、重力达到平衡时，颗粒达到了带出临界状态，此时速度为带出速度。由受力平衡及曳力系数经验公式可得

当 $Re \leqslant 0.4$ 时，$u_{\mathrm{t}} = \dfrac{g(\rho_{\mathrm{s}} - \rho_{\mathrm{a}})d_{\mathrm{s}}^{2}}{18\mu}$ (5-3)

当 $0.4 < Re < 500$ 时，$u_{\mathrm{t}} = \left[\dfrac{4}{225} \times \dfrac{(\rho_{\mathrm{s}} - \rho_{\mathrm{a}})^{2} g^{2}}{\rho_{\mathrm{a}}\mu}\right]^{1/3} d_{\mathrm{s}}$ (5-4)

当 $500 \leqslant Re < 200000$ 时，$u_{\mathrm{t}} = \left[\dfrac{3.1g(\rho_{\mathrm{s}} - \rho_{\mathrm{a}})d_{\mathrm{s}}}{\rho_{\mathrm{a}}}\right]^{1/2}$ (5-5)

注意式(5-3)～式(5-5)中，$Re = \dfrac{\rho_{\mathrm{a}} u_{\mathrm{t}} d_{\mathrm{s}}}{\mu_{\mathrm{a}}}$。

3)操作气速的确定

$u_{\mathrm{mf}} / u_{\mathrm{t}}$ 可以考察流化状态范围，这个特征值大致在 9～90 的范围内，实际操作气速 u_{0} 介于临界流化速度和带出速度之间，一般而言，u_{0} / u_{mf} 值在 1.5～10 以确保流化状态，u_{0} / u_{t} 值在 0.1～0.4 以确保固体颗粒不被带出。

4)床层空隙率及压降

在流化状态下，床层孔隙率 ε_{f} 可以用下式计算：

$$\varepsilon_{f} = Ar^{-0.21}(18Re + 0.36Re^{2})^{0.21} \tag{5-6}$$

在操作气速小于临界流化速度时，床层可视为具有一定通过阻力系数的固定床，随着流速增加阻力增加，测得的气体通过床层压降也增加，当颗粒流化起来后，根据受力分析，压降近似等于单位面积床层的质量。

三、实验装置

流态化快速热解实验装置如图 5-11 所示。

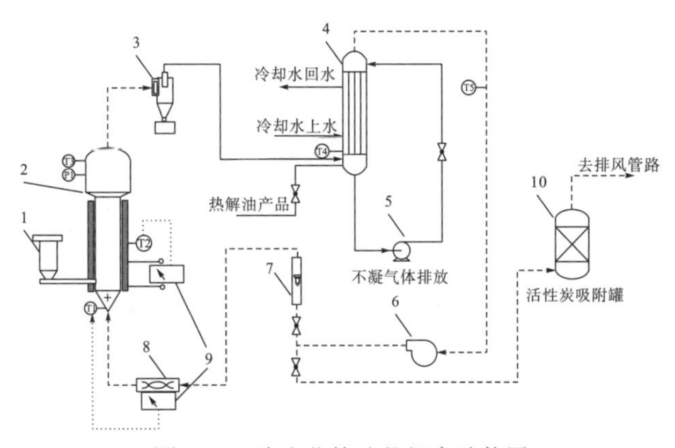

图 5-11　流态化快速热解实验装置

1-螺旋进料器；2-流化床反应器；3-旋风除尘器；4-直接接触冷却器；5-循环泵；6-风机；7-流量计；8-预热器；9-温控供电系统；10-活性炭吸附罐；11-T1～T5 热电偶；12-P1 压力传感器。

关键设备参数如下。

流化床：为了便于研究和比较，采用与冷态实验相同尺寸的反应器，材质为不锈钢 316L，厚度 4mm，流化段内径 100mm，流化段高度 1200mm，扩大段内径 250mm，扩大段高度 400mm。流化介质：直径为 0.5mm 的陶瓷球；分布板：同冷态实验。流化段外加热炉功率 5kW，整个反应器保温。

预热器：空气预热器，加热功率 3kW。

直接接触冷却器：换热管规格 38mm×3mm，管长 2000mm，16 根。换热管伸出上管板 30mm，管周边均匀开深度为 8mm 的锯齿，所有管上端在同一水平面上。

循环泵：流量 $10m^3/h$，扬程 10m。

风机：风量 $60m^3/h$，风压大于 9.8kPa；参考型号：RT-050 型罗茨风机；4HB-220-H26 型离心风机。

温控供电系统：由温控表、交流接触器及外来电源组成。

四、操作步骤

(1)准备工作：根据式(5-2)～式(5-5)求出在不同热解温度下(建议 450℃、500℃、550℃)初始流化速度和带出速度，并确定 4 组实验用操作气体流量，流化气体密度为 $1.763kg/m^3$，高温物性见表 5-8。

表 5-8 流化气体物性

物理性质	温度/℃					
	400	420	440	460	480	500
密度/(kg/m^3)	0.520	0.505	0.490	0.477	0.464	0.452
黏度/cP	0.0295	0.0301	0.0308	0.0314	0.0320	0.0327
物理性质	温度/℃					
	500	520	540	560	580	600
密度/(kg/m^3)	0.452	0.441	0.430	0.420	0.410	0.401
黏度/cP	0.0327	0.0333	0.0340	0.0346	0.0353	0.0359

注意流量计显示的是常温常压时气体的体积，为了减少计算工作量，可以考虑用 Excel 等应用软件，将结果列成表格以备实验时参考。

粉碎选定的树皮、木材或秸秆，筛分出粒径小于 35 目和大于 150 目的颗粒，并干燥至水分低于 10%，作为实验原料。

(2)检查装置阀门、仪表、加热系统，确保装置系统密封、仪表正常工作、各阀门位于正确位置(排空开、进反应器关)、加热电压处于 0 位、设备未漏电。如果第一次做实验，将定量(3.2L 对应反应器静止床层高度为 400mm)的陶瓷球通过料仓送入热解反应器中。

(3) 打开自来水阀门(如采用冷却塔循环水冷却，则打开冷却塔水泵)，为直接接触冷却器管程通入冷却水。

(4) 向直接接触冷却器管程注入定量的冷却液(第一次可以用水，以后用前一次置换出的热解油或上一次存留的热解油)，至热解油溢流口为止，打开直接接触冷却器冷却循环泵。

(5) 开启循环风机，调节进反应器阀门及排空阀门达到事先计算好的实验最小气体流量。注意检查风机进出口阀门、进出口缓冲罐放空阀门状态、气相产品放出口阀门。

(6) 接通流化床外加热炉加热电源，接通气体预热电源，设定气体预热温度值 T_1 以及反应器内温度 T_2，对热解反应器中流化介质(沙子)和循环气体进行预热，预热温度 350～400℃。过程中调节气体流量为预定值。

(7) 监控热解反应器内温度，当达到 400℃时，通过螺旋进料器缓慢送入 3kg 物料进行热解，保证整个反应器中无氧气存在，进料速度以不引起反应器内温度急升为准。

(8) 当反应器内温度达到 450℃(或设定的其他实验温度)，10min 后开始进料，进料速度为 10kg/h，调节流化气进反应器阀门及排空阀门使流化气量为实验值，反应器温度平稳 5min 后，打开热解油溢出口阀门，放出多余的热解油，然后开始计时取样，取样时间为 10min，同时记录床层压降、反应器内温度、气体流量、冷却后气体温度等参数。取样结束后，称重贴标签。

(9) 调整阀门达到下一实验气量，重复第(8)步。完成同一温度的三组试验后，改变反应器设定温度，进行相同实验。

(10) 实验完成后，停止进料，断开反应器加热器电源，断开反应器预热电源，采出炭粉并淋湿。

(11) 增大循环风量至 60m^3/h，待反应器内温度低于 100℃后保持 30min，停止循环风机，停止循环冷却液泵，关闭电源，实验结束。

(12) 整理数据，做出热解油产率与气速、热解温度的关系曲线，总结快速热解反应影响规律，并分析原因。

五、思考题

(1) 从计算可知，相对于冷态而言高温下系统的初始流化速度降低较多，请从气体密度、黏度随温度的变化规律分析其原因。

(2) 为什么开始加料后要将排空阀门开度调大，请从整个系统平衡进行分析。

(3) 如果要测定进行反应的气、液、固三种产品，现装置中还需要添加什么仪器？实验步骤要做哪些更改？

实验七 热解油产品分离实验

一、实验目的

(1) 掌握热解油产品分离所涉及的萃取、精馏等操作及调控。

(2) 了解复杂物系分离方案的选择以及确定。

二、实验原理

本实验采用溶剂萃取和精馏相结合的方法进行。精馏塔釜内，利用热解油产品各自的沸点不同，从塔顶依次得到二氯甲烷、醋液、热解油轻组分及富酚油。

热解油的高含氧量、高酸值、不稳定等性质限制了它直接作为燃料掺混燃烧，目前研究者采用的主要处理化学手段是催化加氢或催化裂化，但存在成本高、催化剂易失活等问题，还无法进行工业应用。本实验提出了一种以热解油能源化利用为主线、以富酚油为经济增值点，辅以副产木醋液的热解油利用方案(图 5-12)。

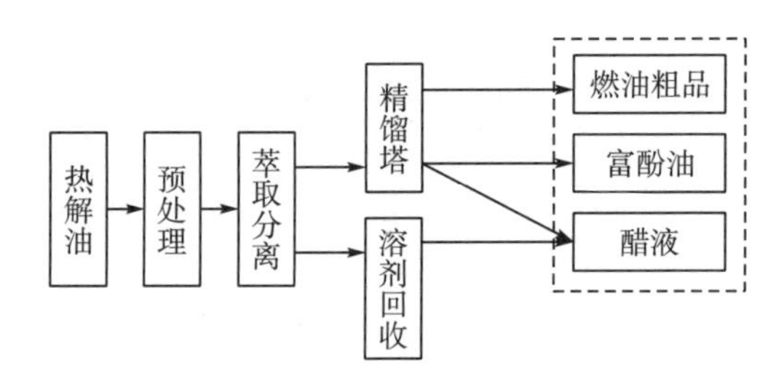

图 5-12 热解油分离工艺路线

三、实验仪器

电子天平(0.01g)，量筒(1L、500mL)，分液漏斗(500mL)，抽滤装置，精馏塔(2000mL 塔釜，内径为 20mm、长度为 1m 的玻璃精馏柱，3mm 不锈钢弹簧填料)，蒸馏装置，电热包(1kW)，旋片真空泵，热电阻及温度表。

四、实验步骤

1. 热解油萃取

根据溶解度及选择性，本实验选用二氯甲烷作为分离水分的萃取剂，具体操作工艺如下。

(1)取 1kg 热解油，抽滤后备用。

(2)称取 0.8kg 经抽滤后的热解油，称取 0.2kg 萃取剂(二氯甲烷)，将热解油与萃取剂充分混合，转移到分液漏斗中静置分层 3～5min，得到萃取相与萃余相，放出分液漏斗下部的萃取相。按照上述步骤，再用新鲜的二氯甲烷萃取上一次产生的萃余相重复四次，共消耗 1kg 萃取剂。

(3)将萃余相加入带有水平冷凝管的蒸馏装置中，回收其中少量的萃取剂，当蒸馏釜内温度达到 80℃时，二氯甲烷回收率可以达到 90%，醋液中乙酸收率大于 98%。如果要求进一步提高收率，则需利用精馏塔进行分离，回收萃取剂剩余的液相为醋液。

2. 热解油精馏

将萃取相加入间歇精馏塔釜内，从塔顶依次得到二氯甲烷、醋液、热解油轻组分及富酚油。首先回收萃取剂二氯甲烷，精馏压力为常压，全回流稳定 10min 后，调回流比为 0.5，当塔釜温度为 101℃、塔顶温度高于 45℃时，二氯甲烷回收结束；开启真空泵，调塔内真空度为-0.09MPa，全回流稳定操作 10min 后，调回流比为 2，塔顶收集醋液，至塔釜温度为 108℃时停止收集；然后继续缓慢增加真空度至 0.098MPa，全回流稳定操作 10min 后，调回流比为 3，开始采集燃油粗品，至塔釜温度为 106℃，停止采集。

3. 富酚油分离

将精馏塔釜残余的黑色液体放入旋转蒸发仪中，开启真空泵使系统真空达到 300Pa，设定旋转蒸发仪导热油温度为 150℃，蒸出 80%进料体积后停止蒸发，蒸出液体即为富酚油。

将得到的各产品称量装瓶，并取样贴标签，以备后续各种检测使用。

五、注意事项

由于热解油组分浓度受原料、热解温度、流化气速、反应器类型以及储存时间等多种因素的影响较大，因此实际操作时，需要根据组分分析数据做出必要的调整。

实验八 微波辐照磷酸法制备活性炭

一、实验目的

熟悉并掌握化学法制备活性炭的原理及基本工艺过程。

二、实验原理

用磷酸溶液在室温下浸渍原料时，这些原料会发生润胀；当温度达到 150℃时，磷酸对含碳原料中的 H 和 O 具有催化脱水作用，使它们更多以水分子的形态从原料中脱除，从而减少在热解过程中与碳元素生成有机化合物如焦油等的概率，使原料中的碳更多地保留在固体残留物中；当温度达到 400℃及更高温度时，由含碳原料在上述水解，氧化，脱水及热降解过程中生成的葡萄糖、戊醛糖、糖醛酸、左旋葡萄糖酐等低分子产物，与热降解形成的大分子碎片之间通过芳香缩合作用等反应，进一步缩合脱水而转变成微晶质碳的结构。磷酸在该温度范围内呈熔融的液体状态分布在它们之中，从而为缩合生成的新生态碳提供一个可以依附的骨架，使它们在其表面逐渐聚集成特殊的微晶质碳的结构。当炭活化生成的产物中磷酸骨架被溶解除去以后，结果就形成了比通常的微晶质碳发达的多孔隙结构。

三、仪器与试剂

仪器：微波炉，电子天平，干燥箱等。

试剂：竹粉或木粉，磷酸，蒸馏水等。

四、实验步骤

以竹粉或木粉为原料，自然风干后粉碎至 20 目备用。微波辐照磷酸法制取活性炭的实验工艺流程见图 5-13。

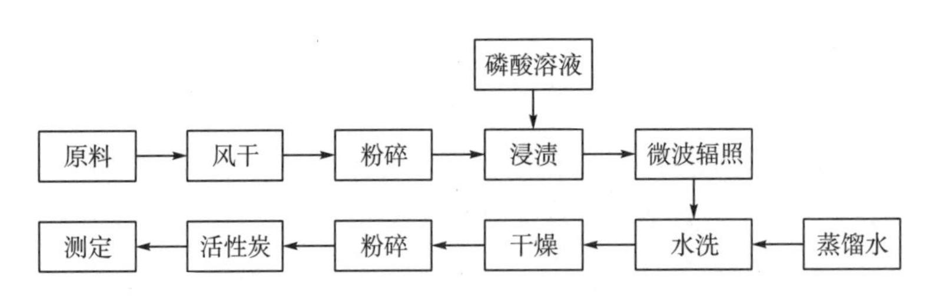

图 5-13 微波辐照磷酸法制取活性炭工艺流程

将木粉(或竹粉)晒干粉碎，称取 10g，用一定料液比为 1∶3 的 40%磷酸溶液浸渍 18h，随后在一定功率下用微波辐照一定时间使之炭化活化。接着对活化产品进行水洗(用蒸馏水冲洗活化料，使其 pH 接近 7)。105℃烘干，粉碎得成品活性炭。计算活性炭得率。

活性炭产品碘吸附值和亚甲基蓝吸附值的测定分别采用 GB/T 12496.8—2015 和 GB/T 12496.10—1999 进行测定。

五、思考题

分析讨论磷酸浓度、微波功率、辐照时间对活性炭得率和产品活性炭吸附性能的影响。

实验九　植物油脂碘值的测定

一、实验目的

（1）学习植物油脂碘值测定的原理和意义。

（2）掌握植物油脂碘值测定的分析和操作方法。

二、实验原理

碘值是指试样在标准规定的操作条件下，100g 油脂样品发生加成反应所需碘的克数。碘值的大小在一定范围内反映了油脂的不饱和程度，因此可以根据油脂的碘值判断油脂的干性程度。碘值大于 130g/100g 的油脂属于干性油，可以用作油漆；碘值小于 100g/100g 的油脂属于不干性油；碘值为 100～130g/100g 的油脂则为半干性油。将试样溶解在溶剂中并加入韦氏（Wijs）试剂，在规定的时间后加入碘化钾和水，用硫代硫酸钠溶液滴定析出的碘。根据试样消耗硫代硫酸钠的量计算碘值。

三、实验试剂

（1）100g/L 碘化钾溶液（不含碘酸盐或游离碘）。

（2）5g/L 淀粉溶液：将 5g 可溶性淀粉加入 30mL 水中混合，加此混合液于 1000mL 沸水中煮沸 3min 并冷却。

（3）硫代硫酸钠标准滴定溶液：0.1mol/L。按 GB/T 601—2016 配制和标定。

（4）溶剂：环己烷和冰乙酸等体积混合液。

（5）韦氏试剂：含一氯化碘的溶液（以三氯化碘和碘配制，溶解于乙酸和环己烷混合溶剂）。

四、实验步骤

(1)称样：可根据估计碘值，按表 5-9 中所示质量称取样品。

表 5-9 试样称取质量与碘值估值对照表

估计碘值/(g/100g)	试样质量/g
<5	3.00
5～20	1.00
21～50	0.40
51～100	0.20
101～150	0.13
151～200	0.10

(2)将装有试样的称量皿或小烧杯放入 500mL 碘价瓶中，加入 20mL 溶剂溶解试样，准确加入 25.00mL 韦氏试剂，盖好塞子，摇匀后将锥形瓶置于暗处。

(3)反应结束后加 20mL 碘化钾溶液，150mL 水。

(4)用标定的硫代硫酸钠标准滴定溶液滴定至浅黄色。加几滴淀粉溶液继续滴定，直到剧烈摇动后蓝色刚好消失。用同样试剂和仪器做空白试验。对于碘值低于 150g/100g 的样品，锥形瓶应放在暗处反应 1h，碘值高于 150g/100g 或已经聚合的物质或氧化到相当程度的物质，应置于暗处 2h。

五、结果计算

计算碘值公式如下：

$$X = \frac{12.96 \times C(V_0 - V)}{m}$$

式中：X——试样碘值，用每 100g 样品吸收碘的克数表示，g/100g；

C——硫代硫酸钠标准溶液浓度，mol/L；

V_0——空白溶液消耗硫代硫酸钠标准溶液的体积，mL；

V——试样溶液消耗硫代硫酸钠标准溶液的体积，mL；

m——试样称取质量，g；

12.69——碘值换算系数。

实验十 活性炭碘吸附值测定

一、实验目的

(1)掌握测定活性炭碘吸附值的原理和基本操作。

(2)熟悉碱式滴定法的基本操作。

二、实验原理

碘吸附值是指一定量活性炭试样与0.1mol/L碘标准溶液经振荡吸附达到平衡后，经过滤，取滤液，用硫代硫酸钠标准溶液滴定滤液中残余的碘量。取剩余碘浓度为0.02mol/L($1/2I_2$)下每克炭吸附的碘量(以毫克计)定为碘值。由于碘分子直径(5.32Å)小，故碘吸附值大小能在一定程度上反映出活性炭在溶液中对小分子有机物的吸附能力。

滤出标准液中残留碘量的测定，采用氧化还原反应，用硫代硫酸钠标准溶液滴定，反应如下：

$$2Na_2S_2O_3 + I_2 = Na_2S_4O_6 + 2NaI$$

三、仪器与试剂

1. 仪器

分析天平(精度0.0001g)，干燥箱，电动振荡器(频率240～275次/min)，粉碎机，碘量瓶(250mL)，移液管(50mL、10mL)，滴定管(酸式10mL、碱式50mL)，量筒(10mL)，漏斗等。

2. 试剂

(1)盐酸(质量分数5%)溶液：往550mL蒸馏水中加入70mL浓盐酸，摇匀后备用。

(2)碘标准溶液(0.1mol/L)：称取19.100g碘化钾完全溶于30mL水中，在搅拌下加入12.700g碘，使碘充分溶解于碘化钾溶液中，加盖避光放置4h以上，其间间歇搅拌，保证碘完全溶解。转入1L棕色容量瓶加水定容，充分摇匀静置2d，经标定后存储于棕色试剂瓶中，保证碘标准溶液中碘化钾和碘的质量比为1.5∶1。

标定：用移液管移取25mL碘标准溶液于250mL锥形瓶中，用已标定浓度的硫代硫酸钠标准溶液滴定，当溶液呈淡黄色时加入 2mL 淀粉指示剂，继续滴定至无色，即为终点。

碘浓度按下式计算：

$$c_1 = \frac{c_2V_2}{V} = \frac{c_2V_2}{25}$$

式中：

c_1——碘(1/2 I_2)标准溶液浓度，mol/L；

c_2——硫代硫酸钠标准溶液浓度，mol/L；

V_1——滴定时消耗的硫代硫酸钠溶液体积，mL；

V_2——滴定时取碘溶液体积，mL。

(3)淀粉指示剂(0.5%)：称取 0.5g 可溶性淀粉，用 5mL 水调成糊状，在搅拌下注入 95mL 沸水中并微沸 4～5min，冷却放置，取上层清液使用。此溶液在使用前配制。

(4)硫代硫酸钠标准溶液(0.1mol/L)：称取 25g $Na_2S_2O_3 \cdot 5H_2O$ 溶于 100mL 水中，缓缓煮沸 10min 冷却，加入(0.1±0.01)g 碳酸钠，放置于棕色瓶中，两周后过滤备用。

标定：称取 0.15g(称准至 0.0002g)已干燥至恒重的重铬酸钾(称准至 0.0002g)，置于碘量瓶中，溶于 25mL 水中，加 2g 碘化钾及 20mL(1+8)硫酸，摇匀，于暗处放置 10min，加水稀释至约 150mL，用待标定的硫代硫酸钠溶液滴定至淡黄色(略带绿色)，然后加淀粉溶液 3mL，继续滴定至溶液由蓝色变为亮绿色，即为终点。同时做空白实验。

$$Cr_2O_7^{2-} + 6I^- + 14H^+ \longrightarrow 2Cr^{3+} + 3I_2 + 7H_2O$$

(亮绿色)

$$C = \frac{m}{(V_1 - V_2) \times 49.03}$$

式中：C——硫代硫酸钠溶液的浓度，mol/L；

m——重铬酸钾质量，g；

V_1——滴定试样硫代硫酸钠溶液用量，mL；

V_2——空白实验硫代硫酸钠溶液用量，mL；

49.03——1/6 重铬酸钾的摩尔质量，g/mol。

四、实验步骤

称取过 200 目筛(71μm)并在 150℃下烘干至恒重的样品 0.5g(称准至 0.0001g)，放入干燥的 250mL 碘量瓶内，准确加入质量分数为 5%的盐酸溶液 10mL，加热至微沸(30±2)s，冷却至室温，加入 50mL 碘标准溶液。立即盖好瓶塞，并在振荡器上振荡 15 min，迅速过滤到干燥的烧杯中。

用移液管移取 10mL 滤液，放入装有 100mL 蒸馏水的 250mL 锥形瓶中，用硫代硫酸钠标准溶液滴定，在溶液呈淡黄色时加入 2mL 淀粉指示剂，继续滴定至溶液无色，记录下滴定消耗的硫代硫酸钠标准溶液体积。

五、结果计算

碘吸附值按以下公式计算：

$$A=\frac{X}{M}\times D$$

$$\frac{X}{M}=\frac{5(10c_1-1.2c_2V_2)\times 126.93}{m}$$

$$c=\frac{c_2V_2}{10}$$

式中：

A——试样碘吸附值，mg/g；

X/M——每克活性炭所吸附的碘量，mg/g；

D——校正因子(通过剩余滤液的浓度 c 可从表 5-10 中查出)；

c_1——碘标准溶液浓度，mol/L；

c_2——硫代硫酸钠标准溶液浓度，mol/L；

V_2——滴定时硫代硫酸钠标准溶液消耗的体积，mL；

m——试样质量，g；

c——剩余滤液浓度，mol/L；

126.93——碘($1/2I_2$)摩尔质量，g/mol。

注：测定中炭样的称取量取决于炭样的吸附性能，如果剩余滤液浓度 c 不在表 5-10 中，须重新测定，炭样的称取量可根据剩余滤液浓度 c 的大小酌情增减。

表 5-10　碘值校正因子 *D*

滤液浓度前 3 位小数	剩余滤液浓度第 4 位小数									
	0.0000	0.0001	0.0002	0.0003	0.0004	0.0005	0.0006	0.0007	0.0008	0.0009
0.0080	1.1625	1.1613	1.1600	1.1575	1.1550	1.1533	1.1513	1.1500	1.1475	1.1463
0.0090	1.1438	1.1425	1.1400	1.1375	1.1.363	1.1350	1.1325	1.1300	1.1288	1.1275
0.0100	1.1250	1.1238	1.1225	1.1213	1.1200	1.1175	1.1163	1.1150	1.1138	1.1113
0.0110	1.1100	1.1088	1.1075	1.1063	1.1038	1.1025	1.1000	1.0988	1.0975	1.0963
0.0120	1.0950	1.0938	1.0925	1.0900	1.0888	1.0875	1.0863	1.0850	1.0838	1.0825
0.0130	1.0800	1.0788	1.0775	1.0763	1.0750	1.0738	1.0725	1.0713	1.0700	1.0688

续表

滤液浓度前3位小数	剩余滤液浓度第4位小数									
	0.0000	0.0001	0.0002	0.0003	0.0004	0.0005	0.0006	0.0007	0.0008	0.0009
0.0140	1.0675	1.0663	1.0650	1.0625	1.0613	1.0600	1.0583	1.0575	1.0563	1.0550
0.0150	1.0538	1.0525	1.0513	1.0500	1.0488	1.0475	1.0463	1.0450	1.0438	1.0425
0.0160	1.0413	1.0400	1.0388	1.0375	1.0375	1.0363	1.0350	1.0333	1.0325	1.0313
0.0170	1.0300	1.0288	1.0275	1.0263	1.0250	1.0245	1.0238	1.0225	1.0208	1.0200
0.0180	1.0200	1.0188	1.0175	1.0163	1.0150	1.0144	1.0138	1.0125	1.0125	1.0113
0.0190	1.0100	1.0088	1.0075	1.0075	1.9963	1.0050	1.0050	1.0038	1.0025	1.0025
0.0200	1.0013	1.0000	1.0000	0.9988	0.9975	0.9975	0.9963	0.9950	0.9950	0.9938
0.0210	0.9938	0.9925	0.9925	0.9913	0.9900	0.9900	0.9888	0.9870	0.9875	0.9863
0.0220	0.9863	0.9850	0.9850	0.9838	0.9825	0.9825	0.9813	0.9813	0.9800	0.9788
0.0230	0.9788	0.9775	0.9775	0.9763	0.9763	0.9750	0.9750	0.9738	0.9738	0.9725
0.0240	0.9725	0.9708	0.9700	0.9700	0.9688	0.9688	0.9675	0.9675	0.9663	0.9663
0.0250	0.9650	0.9650	0.9638	0.9638	0.9625	0.9625	0.9613	0.9613	0.9606	0.9600
0.0260	0.9600	0.9588	0.9588	0.9575	0.9575	0.9563	0.9563	0.9550	0.9550	0.9538
0.0270	0.9538	0.9525	0.9525	0.9519	0.9513	0.9513	0.9506	0.9500	0.9500	0.9488
0.0280	0.9488	0.9475	0.9475	0.9463	0.9463	0.9463	0.9450	0.9450	0.9438	0.9438
0.0290	0.9425	0.9425	0.9425	0.9413	0.9413	0.9400	0.9400	0.9394	0.9388	0.9388
0.0300	0.9375	0.9375	0.9375	0.9363	0.9363	0.9363	0.9363	0.9350	0.9350	0.9346
0.0310	0.9333	0.9333	0.9325	0.9325	0.9325	0.9319	0.9313	0.9313	0.9300	0.9300
0.0320	0.9300	0.9264	0.9288	0.9288	0.9280	0.9275	0.9275	0.9275	0.9270	0.9270
0.0330	0.9263	0.9263	0.9257	0.9250	0.9250					

实验十一　活性炭亚甲基蓝脱色力测定

一、实验目的

掌握活性炭亚甲基蓝脱色力测定的原理和基本操作。

二、实验原理

亚甲基蓝($C_{16}H_{18}N_3SCl \cdot 3H_2O$)的分子长度为 18 Å、宽为 9 Å，它能够进入活性炭的各类孔隙中而被吸附。其吸附量大小是衡量粉状活性炭脱色能力的重要标志，因此在我国粉状活性炭标准中，以亚甲基蓝脱色力作为评定工业用活性炭质量的主要指标之一。

测定原理：在一定量的活性炭试样中，加入一定浓度的亚甲基蓝溶液，当亚甲基蓝被试样吸附达到平衡后，测定其滤液中亚甲基蓝余量（用分光光度计测定）符合规定值后，其所加入的亚甲基蓝溶液的体积（毫升数），即为亚甲基蓝脱色力。

三、仪器与试剂

1. 仪器

电动振荡器（往复式，频率 275 次/min），分光光度计，分析天平。

2. 试剂

1）缓冲溶液

称取 3.6g 磷酸二氢钾和 14.3g 磷酸氢二钠溶于 1000mL 水中。此缓冲溶液的 pH 约为 7。

2）亚甲基蓝实验液（1.5g/L）

由于亚甲基蓝在干燥过程中性质会发生变化，一般都是在未干情况下使用，故需在（105±5）℃下干燥 4 h 后，测定其干燥减量。

亚甲基蓝未干燥品的取用量按下式计算：

$$m_1 = \frac{m}{P(1-E)}$$

式中：m_1——未干燥的亚甲基蓝质量，g；

E——干燥减量，%；

m——干燥品需要量，g；

P——亚甲基蓝的纯度，%。

按以上公式计算与 1.5g 亚甲基蓝干燥品相当的未干燥品的量。将称取的亚甲基蓝（称准至 0.001g）溶于温度为（60±10）℃的缓冲溶液中，待全部溶解后，冷却至室温，移入 1000mL 容量瓶中，用缓冲溶液稀释至标线，摇匀。

四、测定步骤

称取经粉碎至 200 目（71μm）的干燥试样 0.1g（称准至 0.001g），置于 100mL 具塞锥形瓶中，用滴定管加入适量的亚甲基蓝实验液，待试样全部湿润后，立即置于电动振荡机上振荡 20min，环境温度（25±5）℃，用直径为 12.5cm 的中速度定性滤纸过滤。将滤液置于光径为 10mm 的比色皿中，用分光光度计在波长 665nm 处测定吸光度。

五、测定结果

将所测滤液吸光度与硫酸铜标准滤色液[称取 4.000g 结晶硫酸铜（$CuSO_4 \cdot 5H_2O$）

溶于 1000mL 水中]的吸光度相对照，吸光度低于硫酸铜标准滤色液的吸光度，则所需亚甲基蓝毫升数即为该试样的亚甲基蓝脱色力。

实验十二　活性炭焦糖脱色率的测定

一、实验目的

(1) 掌握测定活性炭焦糖脱色率的原理和基本操作。

(2) 了解分光光度计的基本原理，熟悉其操作方法。

二、实验原理

焦糖脱色率是评定活性炭对葡萄糖液中色素脱色能力的一项重要指标。葡萄糖液中的色素成分很复杂，主要分两类，即含氮色素和非氮色素。含氮色素是由淀粉中蛋白质的分解产物氨基酸同糠醛相互作用形成的。非氮色素主要是由糖的热分解形成的，带有酚基醌基，以羟甲基糠醛居多；此外，还有多酚化合物同铁形成的络合物。

糖液色素的分子很大，一般属于胶体粒子(分子量为 8000～15000kDa)，在水溶液中呈解离和非解离两种状态。

用葡萄糖制备焦糖原液，再配制成与葡萄糖液相类似的色素，用一定量的活性炭脱色，借以评定炭的质量。由于糖用活性炭生产工艺条件的不同，产品质量略有差异，所以糖用炭有 A 类活性炭和 B 类活性炭两类，分别以 A 法和 B 法测定焦糖脱色力，以下主要为 A 法测定焦糖脱色力的方法。

三、实验试剂

葡萄糖($C_6H_{12}O_6 \cdot H_2O$)，无水碳酸钠，氯化铵(分析纯)，重铬酸钾(基准试剂)。

重铬酸钾色度标准液：将重铬酸钾在乳钵中研细，置于调节至 110～120℃的电热烘箱中，干燥至恒重，称取 0.420g(B 法称取 0.325g)，加水溶解后移入 1000mL 容量瓶中，稀释至标线，摇匀。

焦糖原液制备：称取葡萄糖 300g，置于 1000mL 三口烧瓶中，加水 200mL。装上电动搅拌器和温度计。另一口敞开，将烧瓶置于甘油浴中(可事先将甘油加热)使烧瓶内糖液的液面与甘油浴液面持平。待糖全部溶解后，开动搅拌器，并升高油浴温度，使保持在(145±5)℃。当糖液开始沸腾时渐次加入无水碳酸钠 5g，不断搅拌，在 25～30min 内，糖液温度应达(110±1)℃。渐次加入氯化铵 5g，并升高油温，在 25～30min 内，糖液温度应达(125±0.5)℃[B 法：(118±0.5)℃]，并在此温度下保持 35min(B 法：30min)，保温期应降低油浴温度。如果糖液超过规定温度，可滴加少许冷水。保温完毕后，缓缓加入碳酸钠溶液(5g 无水碳酸钠溶于 50mL 水)，并不断搅拌至泡沫消失，倾出。经鉴定合格后放置在具磨塞的瓶子中，置于冷暗处，使用期为一个月，若置于冰箱中，使用期为一年。

焦糖原液鉴定：称取焦糖原液 0.833g(B 法：1.00g，准确至 0.01g)，加水 500mL 溶解，搅拌均匀后用光电分光光度计在波长 426nm、光径长度 10mm 的比色皿中测定其吸光度，与重铬酸钾色度标准液(B 法的其他标准溶液与 A 法相同)在同样条件下的吸光度相比，相差不得大于±0.03，否则焦糖原液应重新制备。

焦糖试验液：使用时配制。称取经鉴定合格的焦糖原液 17g(称准至 0.01g)，加水溶解后移入 500mL 容量瓶，稀释至标线，摇匀。

四、实验步骤

称取经粉碎至 200 目的干燥试样 0.400g(B 法：0.350g)(称准至 0.001g)，置于 100mL 锥形瓶中，用移液管加入焦糖试验液 25mL，稍加摇动以使试样湿润，置于沸水浴中加热 30min(每隔 5min 振摇烧瓶一次)，取出，立即用直径为 11cm 的中速定性滤纸过滤，弃去初滤液 5mL，余液移入光径为 10mm 的比色皿中，用光电分光光度计在波长 426nm 下测定吸光度。其值不得大于重铬酸钾色度标准液在同样条件下的吸光度。

五、实验结果

焦糖脱色率的表述应用滤液吸光度与 60mg/L 重铬酸钾色度标准液(称取 60mg 重铬酸钾溶于水中，稀释定容至 1000mL，用分光光度计在波长 426nm 下测定吸光度)相比较。

脱色操作后，若滤液吸光度等于浓度为 60mg/L 重铬酸钾色度标准液的吸光度，则视该活性炭样品的脱色率为 100%。若滤液吸光度大于或小于 60mg/L 重铬酸钾色度标准液的吸光度，则需增加炭量或减少炭量，使其滤液吸光度相当于 60mg/L 重铬酸钾品位标准液的吸光度，偏差在±0.01。

脱色率表述为

$$y_A = \left(1 - \frac{X_A - 0.40}{0.40}\right) \times 100$$

$$y_B = \left(1 - \frac{X_B - 0.35}{0.35}\right) \times 100$$

式中：y_A——A 法焦糖脱色率，%；

y_B——B 法焦糖脱色率，%；

X_A——A 法所需炭的质量，g；

X_B——B 法所需炭的质量，g。

注：若 X_A(或 X_B)大于 0.8(或 0.7)，其物理意义即为该炭样并不适合用作糖液脱色炭。

实验十三　羧甲基纤维素的合成

一、实验目的

了解纤维素的化学改性、纤维素衍生物的种类及其应用。

二、实验原理

天然纤维素由于分子间和分子内存在很强的氢键作用，难以溶解和熔融，加工成型性能差，使其使用受限。天然纤维素经过化学改性后，引入的基团可以破坏这些氢键作用，使得纤维素衍生物能够进行纺丝、成膜和成型等加工工艺，因此在高分子工业发展初期占据着非常重要的地位。纤维素的衍生物按取代基的种类可分为醚化纤维素(纤维素的羟基与卤代烃或环氧化物等醚化试剂反应形成醚键)和酯化纤维素(纤维素的羟基与羧酸或无机酸反应形成酯键)。羧甲基纤维素是一种醚化纤维素，它是经氯乙酸和纤维素在碱存在下进行反应而制备的。

由于氢键作用，纤维素分子有很强的结晶能力，难以与小分子化合物发生化学反应，直接反应往往得到取代不均一的产品。通常纤维素需在低温下用 NaOH 溶液处理，破坏纤维素分子间和分子内的氢键，使之转变成反应活性较高的碱纤维素，即纤维素与碱、水形成的络合物。低温处理有利于纤维素与碱结合，并可抑制纤维素的水解。碱纤维素的组成将影响到醚化反应和醚化产物的性能。纤维素的吸碱过程并非单纯的物理吸附过程，葡萄糖单元的羟基能与碱形成醇盐。除碱液浓度和温度外，某些添加剂也会影响到碱纤维素的形成，如低级脂肪醇的加入会增加纤维素的吸碱量。

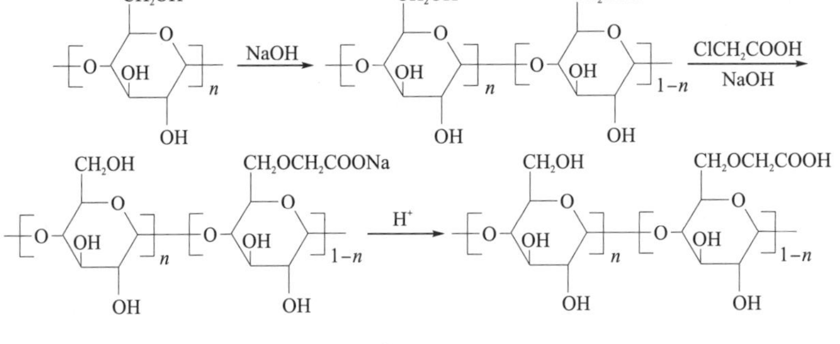

[Reaction scheme: $[\text{glucose unit; } CH_2OH, OH, OH]_n \xrightarrow{NaOH} [CH_2OH\ \text{unit}]_n[CH_2ONa\ \text{unit}]_{1-n} \xrightarrow[NaOH]{ClCH_2COOH} [CH_2OH\ \text{unit}]_n[CH_2OCH_2COONa\ \text{unit}]_{1-n} \xrightarrow{H^+} [CH_2OH\ \text{unit}]_n[CH_2OCH_2COOH\ \text{unit}]_{1-n}$]

醚化剂与碱纤维素的反应是多相反应，醚化反应取决于醚化剂在碱水溶液中的溶解和扩散渗透速度，同时还存在纤维素降解和醚化剂水解等副反应。碘代烷作为醚化剂，虽然反应活性高，但是扩散慢、溶解性能差；高级氯化烷也存在同样问题。硫酸二甲酯溶解性好，但是反应效率低，只能制备低取代的甲基纤维素。碱液浓度和碱纤维素的组成对醚化反应的影响很大，原则上碱纤维素的碱量不应超过活化纤维素羟基的必要量，尽可能降低纤维素的含水量也是必要的。

醚化反应结束后，用适量的酸中和未反应的碱以终止反应，经分离，精制和干燥后得到所需产品。

羧甲基纤维素是一种聚电解质，能够溶于冷水和热水中，广泛应用于涂料、食品、造纸和日化等领域。

三、仪器与试剂

仪器：恒温水浴，电动搅拌器，回流冷凝管，温度计，三口烧瓶，酸式滴定管，锥形瓶，通氮装置，真空抽滤装置，研钵等。

试剂：5%异丙醇，甲醇，氯乙酸，氢氧化钠，微晶纤维素或纤维素粉，盐酸，0.1mol/L 标准 NaOH 溶液，0.1mol/L 标准 HCl 溶液，酚酞指示剂(10g/L)，$AgNO_3$ 溶液，pH 试纸。

四、实验步骤

纤维素的醚化：将 50mL95%异丙醇和 8.2mL 45%NaOH 水溶液加到装有机械搅拌器的三口烧瓶中，并开动搅拌，缓慢加入 5g 微晶纤维素，于 30℃剧烈搅拌 40min，即可完成纤维素的碱化。将氯乙酸溶于异丙醇中，配制成浓度为 50%的溶液。向三口烧瓶中加入 8.6mL 该溶液，充分混合后，升温至 75℃反应 40min，冷却至室温，用 1mol/L 稀盐酸中和 pH 为 4，用甲醇反复洗涤除去无机盐和未反应的氯乙酸(向反应体系中加入 100mL 甲醇，过滤，用少量甲醇洗涤滤饼)。干燥，粉碎，称重，计算取代度。

五、结果计算

取代度的测定：用 70%甲醇溶液配制 1mol/L HCl-CH_3OH 溶液。取 0.5g 醚化纤维素浸于 20mL 上述溶液中，搅拌 3h，使纤维素的羧甲基钠完全酸化，抽滤，用蒸馏水洗至溶液无氯离子。用过量的标准 NaOH 溶液溶解，得到透明溶液，以酚酞作指示剂，用标准盐酸溶液滴定至终点，计算取代度，并与重量法进行比较。

$$取代度=0.162A/(1-0.058A)$$

其中，A 为每克羧甲基纤维素消耗的 NaOH 毫克数。

实验十四　木质素基多元醇的制备

一、实验目的

(1)掌握木质素的结构特征。
(2)学习木质素的改性方法。
(3)熟悉实验仪器的使用与操作。

二、实验原理

在木质素多种功能基团中，羟基是重要的功能基之一，对木质素的化学性质有很大影响。增加木质素中羟基的含量能够提高木质素大分子的反应活性。

三、仪器与试剂

仪器：高压反应釜，电动搅拌机，天平，油浴锅，水浴锅，旋转蒸发仪，烘箱，冷冻干燥仪，pH 计，旋转黏度计，冷凝管，烧杯，三口烧瓶，尼龙纱布，布氏漏斗，抽滤瓶等。

试剂：乙醇，盐酸，硫酸，氢氧化钠，环氧丙烷，聚乙二醇，丙三醇，二氧六环。

四、操作方法

1. 自催化乙醇木质素的制备

向高压反应釜中通入氮气，排空后加入 10g 脱脂桉木(40～60 目)和 100mL 60%乙醇-水溶液，升温至 200℃后保持 2h。反应完成后，用冷凝水将釜温快速降至室温，采用尼龙纱布过滤分离反应残渣与黑液，并以 60%乙醇-水溶液反复洗涤残渣。合并滤液与黑液后减压蒸馏去除乙醇并将液体浓缩至 20mL。将浓缩液滴入 500mL 水中析出木质素，离心收集木质素沉淀，用 pH 为 2 的 HCl 溶液洗涤沉淀后冷冻干燥得到自催化乙醇木质素样品。

2. 自催化乙醇木质素的环氧化反应

分别将1g自催化乙醇木质素和500mL37%环氧丙烷溶液加到1L玻璃烧杯中，均匀混合后，不断搅拌反应30min。分别以25mL 0.1mol/L NaOH和25mL 1mol/L H_2SO_4作为催化剂，在室温下均匀搅拌5d，待反应完成后，在减压蒸馏条件下去除过量的环氧丙烷。将得到的产物在105℃的烘箱中干燥到恒重，分别得到酸性环氧化产物和碱性环氧化产物。

3. 自催化乙醇木素的液化反应

液化试剂聚乙二醇-400与丙三醇的比例为90∶10，催化剂浓硫酸的含量为3%(所占液化试剂的重量百分比)，自催化乙醇木质素的含量为20%(所占液化试剂的重量百分比)，反应温度为160℃，反应时间为60min。在反应过程中，首先将液化试剂加到配有回流冷凝器和温度计的三口圆底烧瓶(250mL)中，再将圆底烧瓶置于油浴锅中，在氮气保护条件下均匀搅拌加热。当加热温度上升到160℃时，逐步加入自催化乙醇木质素，液化反应进行1h后，得到木质素液化产物。待反应完成后，将圆底烧瓶迅速放入冰浴中降温。降温后将液化产物放入105℃的烘箱中进行恒重得到产物。

4. 反应产物得率的计算

环氧化产物和液化产物的得率按照下列方法进行测定和计算：称取1g的环氧化产物(液化产物取相同量)，放到20mL 1,4-二氧六环-水混合物(80/20，*W*/*W*)中进行稀释。将稀释后的溶液不断搅拌2h，并用滤纸过滤得到残渣。将残渣放入105℃的烘箱中进行恒重。反应产物的得率计算公式如下：

$$得率=\frac{1-M}{M_0}\times 100\%$$

式中：M_0——自催化乙醇木质素的质量，g；

M——环氧化产物或液化产物溶于1，4-二氧六环后过滤得到的残渣质量，g。

5. 液化产物黏度的测定

液化产物的黏度值使用刻度盘读数旋转黏度计。以五次测量的平均值为最终测试结果。

五、注意事项

(1)必须待高压反应釜罐内温度下降至60℃以下才能打开反应釜。

(2)注意浓硫酸的使用安全。

⑶油浴锅的使用过程中应避免杂质进入加热油浴中，同时注意油浴反应的高温。

六、思考题

⑴木质素参与反应的活性基团有哪些？
⑵经环氧化反应和液化反应后，木质素结构中哪些基团有所增加？

实验十五　木质素基聚氨酯泡沫材料的制备

一、实验目的

⑴学习木质素基材料的制备方法。
⑵熟悉实验仪器的使用与操作。

二、实验原理

传统的聚氨酯材料由多元醇与异氰酸酯进行缩合反应制得。木质素中含有大量羟基，经改性后羟基数量提高，能够替代部分多元醇与异氰酸酯发生缩合反应生成聚氨酯。

三、仪器与试剂

仪器：电动搅拌机，天平，烘箱，万能力学试验机，烧杯等。
试剂：异氰酸酯，硅油 AK-8801，二丁基二月硅酸锡，蒸馏水，木质素液化产物。

四、操作方法

1. 木质素基聚氨酯泡沫材料的制备

根据表 5-11 的原料配比，首先将 15g 液化产物（木质素经液化得到的产物）加到塑料烧杯中；依次将 0.3g 稳泡剂（硅油 AK-8801），0.3g 催化剂（二丁基二月硅酸锡）和 0.5g 发泡剂（蒸馏水）加到塑料烧杯中，混合后均匀搅拌 5min；然后，按照异氰酸根指数（NCO/OH）不同的比值（0.6～1.0），将一定量的异氰酸酯（14.38～23.96g MDI）加到塑料烧杯中进行发泡反应。当电动搅拌器转速达到 2000r/min 时，在室温下快速搅拌 60s 后，进行自由发泡反应。最后快速倒入立方体纸盒模具中进行固化反应，将液化木质素基聚氨酯硬泡材料在室温条件下放置一周，存放于干燥器中进行后序力学性能的测定。按照异氰酸根指数(NCO/OH)比值 0.6、0.7、0.8、0.9 和 1.0，对应的样品名称分别为 LP-1、LP-2、LP-3、LP-4 和 LP-5。

表 5-11 原料配比表

原料	所占重量比例/%
多元醇	15.0
催化剂	4.8
表面活性剂	4.0
发泡剂	4.8
NCO 指数	60～100

2. 力学性能测试

聚氨酯硬泡材料的压缩性能在室温条件下使用万能力学测定仪进行测定，将聚氨酯待测样品切成 30mm×30mm×30mm(长×宽×高)的正方体小块，十字头的移动速率固定为 2mm/min。压缩应力应平行于聚氨酯发泡的方向进行测试，并选取 20%压缩形变作为测试范围，测定方法参照 ASTM D1621—2010。每组样品的压缩性能测定 5 次，并取其平均值。

五、注意事项

发泡反应过程中，应快速搅拌，以免发泡剂分布不均匀或过早固化。

六、思考题

(1)异氰酸酯根指数对材料性质的影响是什么？
(2)木质素中羟基含量对材料性质的影响是什么？

实验十六 木质素酚醛树脂及酚醛树脂发泡材料的制备

一、实验目的

(1)学习木质素基材料的制备方法。
(2)熟悉实验仪器的使用与操作。

二、实验原理

传统的酚醛树脂采用苯酚与甲醛缩合反应制得。木质素中含有大量酚羟基，能够替代部分苯酚与甲醛缩合。木质素的加入能够减少苯酚用量，有利于实现酚醛树脂的清洁生产。

三、仪器与试剂

仪器：电动搅拌机，恒温水浴，天平，黏度计，温度计，冷凝管，烧杯，三口烧瓶等。

试剂：苯酚，甲醛，液化木质素，氢氧化钠，蒸馏水，聚山梨酯-80（吐温-80），磷酸，对甲基苯磺酸。

四、实验步骤

1. 酚醛树脂的制备

（1）取 43g NaOH 溶解于 60g 水中，冷却备用；于水浴中将三口烧瓶预热至 40～45℃后加入预先熔化的苯酚 145g（约 145mL），接上冷凝管，开动搅拌器，加入配制好并冷却至室温的氢氧化钠溶液（注意温度控制在 50℃以下），第一次加入甲醛溶液 160g，保持 10min（此时温度不能超过 80℃）；

（2）第二次加入甲醛溶液 86g（加入前控制温度为 70～75℃），靠反应自身放热升温（此时温度控制在 80℃以下），待温度稳定后，调整温度至（80±2）℃，保温 40min。

（3）第三次加入甲醛溶液 6g，保温 10min（80℃），升温至沸腾（水浴加热约 15min）；降温至（87±2）℃，在此温度下每隔 10min 测定一次黏度至合格即可下料（涂-4 杯达 35s 或旋转黏度计 CP=180～200mPa·s）。

2. 木质素基酚醛树脂的制备

取液化木质素作为苯酚替代物，按替代率分别为 5%、10%、15%、30%加至苯酚中，采用与上述（酚醛树脂的制备）相同步骤制备木质素基酚醛树脂。

3. 发泡材料的制备

调酚醛树脂 pH 至中性，减压蒸馏到适宜黏度（2000～5000mPa·s），取 100 份树脂，加入 10 份表面活性剂（吐温 80），搅拌 5min，再加入适量的发泡剂（正戊烷），加入量根据发泡难易决定，一般为 5～15 份，搅拌 2min，加入 10 份磷酸、对甲基苯磺酸复合固化剂，在 70℃下固化。固化时间为 1h。

4. 材料力学性能测定

在室温条件下使用万能力学测定仪测定聚氨酯硬泡材料的压缩性能。将聚氨酯待测样品切成 30mm×30mm×30mm（长×宽×高）的正方体小块，十字头的移动速率固定在 2mm/min。压缩应力应平行于聚氨酯发泡的方向进行测试，并选取 20% 压缩形变作为测试范围，测定方法参照 ASTM D1621—2010。每组样品的压缩性能测定 5 次，并取其平均值。

五、注意事项

（1）反应过程注意酚醛树脂黏度的监控。

（2）发泡剂的用量能够影响材料的多孔性，进而对材料的力学性能造成影响，注意调控发泡剂用量。

（3）注意搅拌速度，避免过早固化。

六、思考题

木质素添加量对材料性能有什么影响？

主要参考文献

安鑫南，2002.林产化学工艺学[M]. 北京：中国林业出版社.

陈嘉翔，余家鸾，1989.植物纤维化学结构的研究方法[M]. 广州：华南理工大学出版社.

贺近恪，李启基，1997.《林产化学工业全书》(共 3 卷)[M]. 北京：中国林业出版社.

蒋建新，朱莉伟，唐勇，2013.生物质化学分析技术[M]. 北京：化学工业出版社.

李吉海，2003. 基础化学实验(Ⅱ)(有机化学实验)[M]. 北京：化学工业出版社.

刘约权，2004. 现代仪器分析[M]. 北京：高等教育出版社.

蒲志鹏，2010. 固体催化剂制备转化生物柴油和低温性能研究[D]. 北京：北京林业大学.

田丹碧，2009. 仪器分析[M]. 北京：化学工业出版社.

田珩，秦永剑，张加研，2016.植物资源化学实验实习指导[M]. 昆明：云南教育出版社.

杨成金，黄桦，黄永坤，等，2011. HPLC 及 LC-MS 技术在低聚糖检测中的应用[J].现代科学仪器，21(6)：147-150.

叶宪曾，张新祥，2011.仪器分析教程[M]. 北京：北京大学出版社.

张弘，2013. 紫胶红色素提取技术及理化性质研究[D]. 北京：中国林业科学研究院.

中国标准出版社，1998.中国林业标准汇编(林产化工与林特产品卷)[M]. 北京：中国标准出版社.

中华人民共和国国家标准，GB/T 12496—1999，木质活性炭试验方法[S].

中华人民共和国国家标准，GB/T 12902—2006，松节油分析方法[S].

中华人民共和国国家标准，GB/T 1548—2016，纸浆铜乙二胺(CED)溶液中特性粘度值的测定[S].

中华人民共和国国家标准，GB/T 3977—2008，颜色的表示方法[S].

中华人民共和国国家标准，GB/T 5525—2008，植物油检验，透明度、色泽、气味、滋味鉴定法[S].

中华人民共和国国家标准，GB/T 7702.6—2008，煤质颗粒活性炭试验方法亚甲蓝吸附值的测定[S].

中华人民共和国国家标准，GB/T 7702.7—2008，煤质颗粒活性炭试验方法碘吸附值的测定[S].

中华人民共和国国家标准，GB/T 8143—2008，紫胶产品检验方法[S].

中华人民共和国国家标准，GB/T 8146—2003，松香试验方法[S].

左宋林，李淑君，张力平，等，2019. 林产化学工艺学[M]. 北京：中国林业出版社.

Ayoub M, Abdullah A Z, 2012. Critical review on the current scenario and significance of crude glycerol resulting from biodiesel industry towards more sustainable renewable energy industry[J].Renewable & Sustainable Energy Reviews, 16(5):2671-2686.

Ikura M, Stanciulescu M, Hogan E, 2003. Emulsification of pyrolysis derived bio-oil in diesel fuel[J]. Biomass and Bioenergy, 24(3):221-232.

Sharma Y C, Singh B, Korstad J, 2010. Application of an efficient nonconventional heterogeneous catalyst for biodiesel synthesis from pongamia pinnata oil[J]. Energy &Fuels, 24(5):3223-3231.

Sun Y, Cheng J, 2002. Hydrolysis of lignocellulosic materials for ethanol production: a review[J]. Bioresource Technology, 83:1-11.

Sun Z Q, Bu L X, Zhao D Q, et al., 2012. Processing of Lespedeza stalks by pretreatment with low severity steam and post-treatment with alkaline peroxide[J]. Industrial Crops and Products, 36:1-8.

Tang Y, Zhao D Q, Cristhian C, et al., 2011. Simultaneous saccharification and cofermentation of lignocellulosic residues from commercial furfural production and corn kernels using different nutrient media[J]. Biotechnology for Biofuels, 4: 22.